高职高专计算机教学改革 新体系 规划教材

C语言程序设计

——基于工作过程项目教程

张红荣 张 峰 编著

清华大学出版社
北京

内 容 简 介

本书通过选取读者比较感兴趣的4个典型案例(数据分离重组、信息加密、雇员工资计算器程序设计、百万富翁与陌生人换钱计划程序设计)的功能实现作为基础篇，在"做中学，学中做"学习理念的指导下学习并掌握C语言的语法知识、编程方法和编程思路。在读者具备了一定C语言知识和技能的基础上，再以"职业学校技能大赛理论测试软件"这一项目的开发为主线作为综合应用篇，按照基于软件项目开发的工作过程，在需求分析的基础上进行功能模块分解和功能实现。先利用常用工具软件绘制效果图，再利用VC++调试环境编程。在编程的过程中根据工作任务需要引入新的知识，读者在实践中学习新知识，并加以运用，一方面培养了读者利用C语言知识和技能分析问题、解决问题的能力，另一方面也提升了读者职业综合能力。

本书始终以"项目引领，工作任务驱动"为导向，将全国计算机等级考试标准融入每一个案例的学习中。全书通俗易懂，由浅入深，突出重点，重在应用，不仅可作为高职院校C语言课程的教材，还可作为广大计算机爱好者学习C语言或备考全国计算机等级考试(二级C)的教材和参考书。

图书在版编目(CIP)数据

C语言程序设计：基于工作过程项目教程/张红荣，张峰编著. --北京：清华大学出版社，2016
高职高专计算机教学改革新体系规划教材
ISBN 978-7-302-41061-4

Ⅰ.①C… Ⅱ.①张…②张… Ⅲ.①C语言－程序设计－高等职业教育－教材　Ⅳ.①TP312

中国版本图书馆CIP数据核字(2015)第173327号

责任编辑：王剑乔
封面设计：傅瑞学
责任校对：袁　芳
责任印制：沈　露

出版发行：清华大学出版社
　　　　网　　　址：http://www.tup.com.cn，http://www.wqbook.com
　　　　地　　　址：北京清华大学学研大厦A座　　　　邮　　编：100084
　　　　社　总　机：010-62770175　　　　　　　　　邮　　购：010-62786544
　　　　投稿与读者服务：010-62776969，c-service@tup.tsinghua.edu.cn
　　　　质量反馈：010-62772015，zhiliang@tup.tsinghua.edu.cn
　　　　课件下载：http://www.tup.com.cn，010-62795764
印 刷 者：北京季蜂印刷有限公司
装 订 者：三河市溧源装订厂
经　　销：全国新华书店
开　　本：185mm×260mm　　　印　张：12　　　　字　数：275千字
版　　次：2016年1月第1版　　　　　　　　　　　印　次：2016年1月第1次印刷
印　　数：1～2700
定　　价：28.00元

产品编号：066176-01

前　言

　　C 语言是一种简洁、丰富、严谨的结构化程序设计语言,是功能非常强大、使用范围很广的高级编程语言之一。目前仍是国内外广泛使用的计算机程序设计语言,是软件开发人员必须掌握的语言基础,也是理工科专业的首选语言。随着高职高专教育的快速发展,高职高专教育也迫切需要适合教学改革的一套"量身定做"的项目化教材。

　　本书根据高职高专院校教学改革、课程建设的需要,结合编者十多年讲授 C/C++ 语言程序设计课程的教学经验编写而成。在教材编写上,通过由简单项目到综合项目的实现,将 C 语言基本知识和技能根据工作任务的需要进行重新整合,并融入全国计算机等级考试标准要求,真正实现了"做中学,学中做"的知识传授。

　　本书通过选取读者比较感兴趣的 4 个典型案例(数据分离重组、信息加密、雇员工资计算器程序设计、百万富翁与陌生人换钱计划程序设计)的功能实现作为基础篇,在"做中学,学中做"学习理念的指导下学习并掌握 C 语言的语法知识、编程方法和编程思路。在读者具备了一定 C 语言知识和技能的基础上,再以"职业学校技能大赛理论测试软件"这一项目的开发为主线作为综合应用篇,按照基于软件项目开发的工作过程,在需求分析的基础上进行功能模块分解和功能实现。先利用常用工具软件绘制效果图,再利用VC++调试环境编程。在编程的过程中根据工作任务需要引入新的知识,读者在实践中学习新知识,并加以应用,一方面培养了读者利用 C 语言知识和技能分析问题、解决问题的能力,另一方面也提升了读者职业综合能力。

　　本书主要特点体现在以下几方面。

　　(1) 通过基础篇中的 4 个典型案例和综合应用篇中的一个真实项目实现 C 语言程序设计知识和技能的传授,颠覆了长期以来 C 语言程序设计相关教材以知识体系为内容的组织形式。

　　(2) 针对"项目引领、任务驱动"的教学模式特点,通过一个个完整的项目引领整个教学内容的编写,具体教学内容又通过完整的工作任务组织实施。

　　(3) 在重视技能培养的同时,兼顾读者对理论知识的需求,将全国计算机等级考试标准融入教材编写,同时为了方便读者对照标准查阅相关内容,编者还在书中专门编排了"全国计算机等级考试(二级 C)专题索引"。

　　本书始终以"项目引领,工作任务驱动"为导向,将全国计算机等级考试标准融入每一个案例的学习中。全书通俗易懂,由浅入深,突出重点,重在应用,不仅可作为高职院校 C 语言课程的教材,还可作为广大计算机爱好者学习 C 语言或备考全国计算机等级考试(二级 C)的教材和参考书。

　　编者可以为读者提供教学课件、教学视频及动画等教学资源,如需要请与编者联系(sqddzhanghr@163.com),同时,也欢迎大家与编者共同探讨教学改革相关话题。

　　本书为江苏城市职业学院"十二五"规划立项课题"C语言程序设计"精品课程研究成果之一。在本书的编写过程中,得到了许多教师和学生的帮助,在此表示诚挚的谢意。由于编者水平有限,书中难免有疏漏、不当之处,恳请读者批评、指正。

编　者

2015 年 10 月

目 录

走进 C 语言世界

学员完成本单元的学习任务后,应能够熟悉 Visual C++ 6.0 集成开发环境,在 Visual C++ 6.0 集成环境下,能够编写简单的 C 语言程序,完成信息的输出。

任务1　认识 C 语言
任务2　编写简单 C 语言程序
任务3　认识 Visual C++ 6.0 集成开发环境

任务 1　认识 C 语言

计算机已广泛应用于社会生活的各个领域。计算机作为一种电子设备,具有内部存储的能力,由程序自动控制完成各项工作。程序实际上是可以连续执行的一条条指令的集合。人们通过编写程序与计算机进行交流。C 语言就是这样一种专门用来编写程序与计算机进行交流的语言。

C 语言最初是在美国著名的贝尔实验室中酝酿并诞生的,并在设计 UNIX 操作系统时不断地得到更新和完善。C 语言是一种结构化的程序设计语言,它提供了 3 种基本结构的语句,并支持面向过程的程序设计。

C 语言本身也在不断发展中,20 世纪 80 年代出现了面向对象程序设计概念,贝尔实验室的 B. Stroustrup 博士将其引入 C 语言,设计出C++ 语言。C++ 语言支持传统的面向过程的程序设计,又支持新型的面向对象程序设计,因而赢得了广大程序员的喜爱。2000 年6 月微软公司正式发布了 C#(C Sharp)语言,它是由 C 和C++ 衍生的面向对象的编程语言。它简单易学,比C++ 更容易理解。学好 C 语言,将为以后学习面向对象的C#或 Java等语言做好准备。

任务 2　编写简单 C 语言程序

到银行的存取款一体机存取钱时,系统首先会提示插入银行卡;将银行卡插入后,系统会显示可进行的操作,按照系统给出的提示就可以完成存取钱的业务。这样的例子不胜枚举。这些日常生活中常用的工具软件之所以能够方便用户使用,是因为在编写程序时,给出便于用户操作的提示信息。下面的任务就是学习如何利用 C 语言输出这样的提示信息。

【任务描述】

编写一个 C 语言程序,在屏幕上输出"请插入您的银行卡"。

【任务实施】

```
/*******************************************************/
/* 程序: zhhr1_1.c                                    */
/* 功能: 输出"请插入您的银行卡"                        */
/* 时间: 2014-2-14                                    */
/*******************************************************/
#include<stdio.h>
void main()
{
    printf("请插入您的银行卡");
}
```

【分析提升】

1. 程序与程序文件

(1) 程序就是用计算机语言对程序所要完成功能的描述。

(2) 程序存储在文本文件中,称为源程序文件。

(3) C 语言源程序文件约定的扩展名是.C。

2. 注释

为了帮助人们阅读和理解程序,在编写程序时可加入注释。

(1) C 语言规定注释的内容必须放在符号"/*"和"*/"之间。

(2) 注释可以是中文,也可以是英文。

(3) "/"和"*"之间不能有空格。

(4) 注释对程序运行不起作用。

(5) 注释不可以嵌套,如/*/*…*/*/这种形式是非法的。

3. 预处理命令

(1) C 程序开始经常出现以 # 开头的命令,它们是预处理命令。

(2) #include 称为文件包含预处理命令。

(3) stdio.h 是系统提供的头文件,该文件中包含有关输入输出函数的说明信息,简称标准输入输出头文件。

(4) #include <stdio.h>作用是在编译之前将文件 stdio.h 的内容插入命令行所在位置。

4. 函数

（1）函数是具有特定功能的程序模块。

（2）每个 C 语言程序都由一个或多个函数组成。

（3）每个可执行的 C 程序都必须有一个且只能有一个主函数，约定的函数名是 main。

（4）一个 C 程序总是从主函数开始执行的。

（5）函数的定义格式：类型 函数名（形式参数表）函数体

```
void    main    (){ printf("请插入您的银行卡"); }
```

其中：①void 表示函数无返回值；②main 表示函数名，一双圆括号是函数的标志，括号内可以没有任何内容，但圆括号不可省；③一对花括号"{ }"括起来的部分称为函数体，函数体内的语句用来实现这个函数的功能。

5. 输出

（1）C 语言本身没有提供输入输出语句，所有的输入输出都是通过函数实现的。

（2）printf 是 C 语言中用来实现信息输出的函数。

（3）"printf("请插入您的银行卡");"功能是将双引号括起来的部分（不含双引号在内）显示到屏幕上当前光标所在的位置。具体输出结果如下：

请插入您的银行卡

（4）语句最后的分号";"是 C 语句的一部分，必不可少。

6. 程序书写风格

（1）C 程序书写格式比较自由，一行可以写几个语句，一个语句也可以跨几行。

（2）为了便于阅读和调试程序，建议一行只写一个语句，即使是花括号也占一行。

（3）除双引号内，其余部分全部用英文半角书写。

7. 字母大小写

C 语言中严格区分字母的大小写，如 main、MAIN、Main 都是不同的名称。只有全部小写的 main 才是主函数名。对于初学者特别要注意这一点。

【随堂练习】

编写一个 C 语言程序，在屏幕上输出"走进 C 语言世界！"。

任务 3　认识 Visual C++ 6.0 集成开发环境

Visual C++ 6.0 是微软（Microsoft）公司研制开发的一个集成开发环境。它集程序的编辑、编译、调试、运行及可视化软件开发等功能于一体。在这个集成开发环境下，可进行 C++、C 语言程序的调试。2013 版全国计算机等级考试二级 C 部分就采用 Visual C++ 6.0。本书中所有的程序均在 Visual C++ 6.0 环境下调试并运行过。

下面通过具体的实例介绍 Visual C++ 6.0 的使用方法。

1. 启动 Visual C++ 6.0

双击桌面上的 VC 图标或选择"开始"→"所有程序"→Microsoft Visual 6.0→Microsoft Visual C++ 6.0菜单命令,启动 VC。启动后的界面如图 1-1 所示。

图 1-1　Visual C++ 6.0 集成开发环境

2. 新建工程

选择"文件"→"新建"菜单命令,如图 1-2 所示,打开"新建"对话框,如图 1-3 所示。

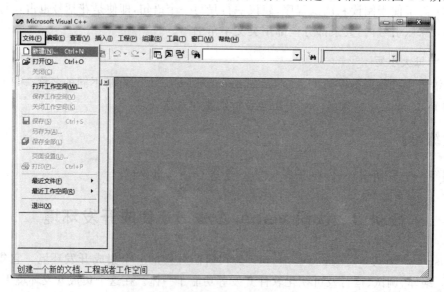

图 1-2　选择"文件"→"新建"菜单命令

在"新建"对话框中,有 4 个选项卡。选择"工程"选项卡,这时可以看到 Visual C++可以创建的项目类型。选择倒数第三项 Win32 Console Application(Win32 控制台程序),在"工程名称"文本框中输入工程的名称,如 MyProgram;在"位置"文本框中输入工程的存放位置,也可以单击 ⋯ 按钮进行位置的选择,最后单击"确定"按钮。具体设置如图 1-3 所示。

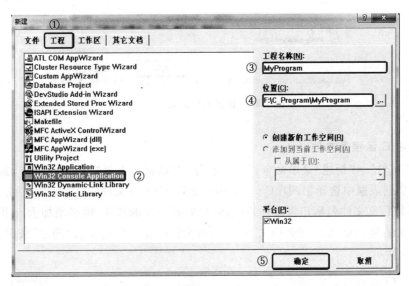

图 1-3　"新建"对话框(1)

这时,弹出 Win32 Console Application(Win32 控制台程序)向导对话框,如图 1-4 所示,直接单击"完成"按钮即可。

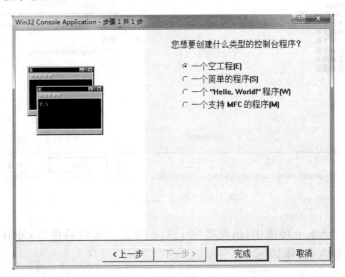

图 1-4　Win32 控制台程序向导

此时,显示新建工程的信息,如图 1-5 所示。其中包含工程的类型、工程中文件的情况及工程目录的信息。单击"确定"按钮即可。

图 1-5 "新建工程信息"对话框

3. 新建 C 源程序文件

选择"文件"→"新建"菜单命令,打开"新建"对话框。选择"文件"选项卡,新建文件。在文件类型列表框中选择第四项C++ Source File(C++ 源文件),在"文件名"文本框中输入文件名 1_1.c(文件名用户可以任意取名,最好有一定的意义,但必须加上.c 扩展名,否则默认建立的是.txt 为扩展名的文本文件,而无法编译),最后单击"确定"按钮。具体设置如图 1-6 所示。

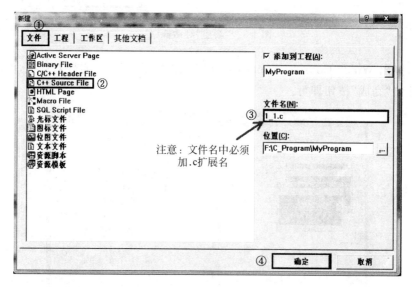

图 1-6 "新建"对话框(2)

在 Visual C++ 6.0 环境中,出现名为 1_1.c 的文本编辑器窗口,并有黑色光标不断闪动,等待用户输入,具体如图 1-7 所示。

4. 输入程序代码

在如图 1-7 所示的文本编辑器窗口中输入程序代码,输入后的效果如图 1-8 所示。默认情况下,注释部分以绿色显示。

图 1-7　VC 6.0 文本编辑器窗口

图 1-8　在文本编辑器窗口输入程序代码

5. 编译程序

C 源程序文件并不能直接在机器上运行。要想运行 C 程序,首先需要对其进行编译。选择"组建"→"编译"菜单命令,如图 1-9 所示,对源程序文件 1_1.c 进行编译。也可以直接单击工具栏中的编译按钮 ☜,或者直接按 Ctrl+F7 组合键对程序进行编译。

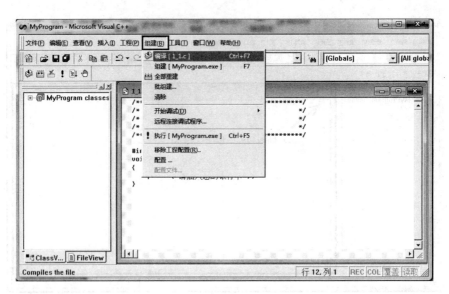

图 1-9 编译程序文件

在编译过程中,首先会对预处理命令进行处理,然后去掉注释部分,对程序从上到下进行语法检测,最后生成扩展名为.obj 的目标文件。在图 1-10 中,显示了程序编译后的结果,生成了名为 1_1.obj 的目标文件,0 个致命错误,0 个警告错误。

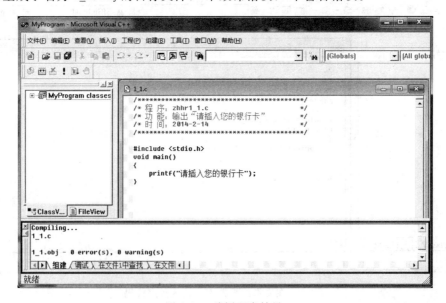

图 1-10 编译程序结果

6. 连接程序

编译产生的目标程序仍然是个半成品,无法执行,还需要进行"连接",将若干目标文件和相关库函数的目标文件连接起来形成一个可执行文件。在 VC 环境下,可以通过选择"组建"→"组建[MyProgram.exe]"菜单命令实现,如图 1-11 所示。也可以单击工具栏

中的连接按钮 或按 F7 键连接程序。

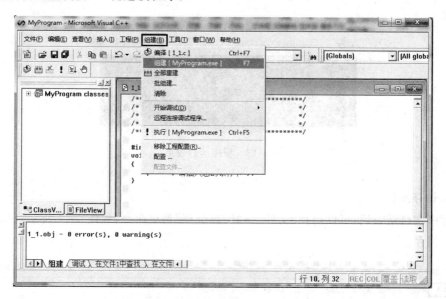

图 1-11　连接程序文件

7. 运行程序

经过编译、连接生成一个和工程名称相同的可执行文件（MyProgram.exe），选择"组建"→"执行[MyProgram.exe]"菜单命令，运行程序，如图 1-12 所示。也可以单击工具栏中的 按钮或按 Ctrl+F5 组合键运行程序。

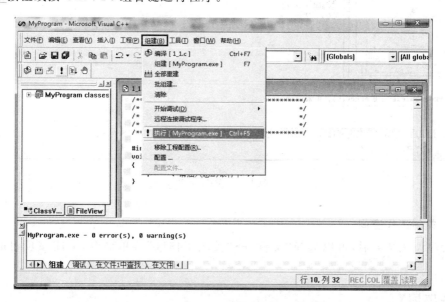

图 1-12　运行程序

程序运行后的效果如图 1-13 所示。其中"请插入您的银行卡"是程序运行结果，而

Press any key to continue 是系统自动给出的提示信息,它提示用户可以按任意键回到编辑界面。

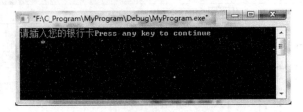

图 1-13　程序运行效果

8. 保存文件

程序调试结束后,可以选择"文件"→"保存全部"菜单命令,如图 1-14 所示,将整个工程进行保存。

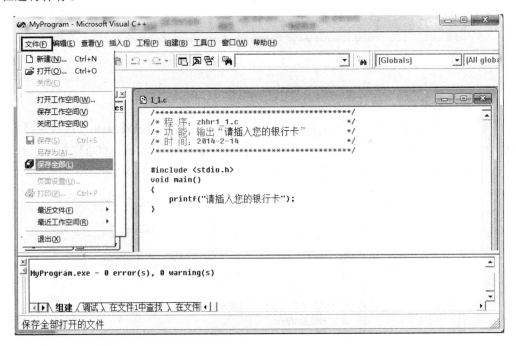

图 1-14　保存全部

9. 关闭工作空间

程序调试结束后,可以选择"文件"→"关闭工作区"菜单命令,关闭该项目的工作空间。

【任务拓展】

编写程序,将你最喜欢的一句话输出到屏幕上,与同学们共同分享。

单 元 小 结

　　本单元的重点是理解 C 程序的基本结构和程序的准确书写格式,理解 C 程序的调试过程,掌握简单 C 语言程序的编写。

　　具体要点如下:

　　(1) C 语言是一种结构化的程序设计语言,它支持面向过程的程序设计。

　　(2) C 语言源程序文件约定的扩展名是.c。

　　(3) C 语言规定注释的内容必须放在符号"/ * "和" * /"之间,注释对程序运行不起作用。

　　(4) 每个 C 语言程序都由一个或多个函数组成。

　　(5) 每个可执行的 C 程序都必须有一个且只能有一个主函数,约定的函数名是 main。

　　(6) 一个 C 程序总是从主函数开始执行的。

　　(7) C 程序书写格式比较自由,一行可以写几个语句,一个语句也可以跨几行。

　　(8) C 语言中严格区分字母的大小写。

　　(9) C 程序经过编辑、编译和连接,产生可运行的 exe 文件。

　　(10) 简单 C 语言程序框架如下。

```
#include<stdio.h>
void main()
{
    ...
}
```

单 元 练 习

一、单选题

1. 以下叙述中,正确的是(　　　)。

　　A. C 语言程序所调用的函数必须放在 main 函数的前面

　　B. C 语言程序总是从最前面的函数开始执行

　　C. C 语言程序中 main 函数必须放在程序的开始位置

　　D. C 语言程序总是从 main 函数开始执行

2. main 函数在源程序中的位置是(　　　)。

　　A. 必须在最开始　　　　　　　　B. 必须在子函数的后面

　　C. 可以任意　　　　　　　　　　D. 必须在最后

3. 下列说法中,正确的是(　　　)。

　　A. C 程序书写时,一行只能写一个语句

　　B. C 程序书写时,不区分大小写字母

C. C程序书写时,一个语句可以分成几行书写

D. C程序书写时每行必须有行号

4. C语言源程序名的后缀是(   )。

A. .exe   B. .c   C. .obj   D. .cpp

5. 以下叙述中,正确的是(   )。

A. 在C语言中,main函数必须位于程序的最前面

B. C程序的每行中只能写一条语句

C. C语言本身没有输入输出语句

D. 在对一个C程序进行编译的过程中,可发现注释中的拼写错误

6. C语言程序的基本单位是(   )。

A. 语句   B. 程序行   C. 函数   D. 字符

7. 一个C程序的执行是从(   )。

A. 本程序的main函数开始,到main函数结束

B. 本程序文件的第一个函数开始,到本程序文件的最后一个函数结束

C. 本程序的main函数开始,到本程序文件的最后一个函数结束

D. 本程序文件的第一个函数开始,到main函数结束

8. 以下叙述中,错误的是(   )。

A. C语言的可执行程序是由一系列机器指令构成的

B. 用C语言编写的源程序不能直接在计算机上运行

C. 通过编译得到的二进制目标程序需要连接才可以运行

D. 在没有安装C语言集成开发环境的计算机上不能运行C源程序生成的.exe文件

9. 以下叙述中,错误的是(   )。(2013.3 二级 C 考题)

A. C语言中的每条可执行语句和非执行语句最终都将被转换成二进制机器指令

B. C程序经过编译、连接步骤之后才能形成一个真正可执行的二进制机器指令

C. 用C语言编写的程序称为源程序,它以 ASCII 代码形式存放在一个文本文件中

D. C语言源程序经编译后生成后缀为.obj 的目标程序

10. 以下叙述中,错误的是(   )。

A. 后缀.obj 和.exe 的二进制文件都可以直接运行

B. 后缀.obj 的文件,经连接程序生成后缀为.exe 的文件是一个二进制文件

C. 计算机不能直接执行用C语言编写的源程序

D. C程序经C编译程序编译后,生成后缀为.obj 的文件是一个二进制文件

二、判断题

1. main 函数必须写在一个C程序的最前面。   (   )

2. 一个C程序可以包含若干个函数。   (   )

3. C程序的注释不能是中文信息。   (   )

4. C 程序的注释只能写一行。　　　　　　　　　　　　　　　　（　　）

5. C 程序的注释部分可以出现在程序的任何位置,它对程序的编译和运行不起任何作用,但是可以增加程序的可读性。　　　　　　　　　　　　　　　（　　）

6. 一个 C 程序的执行总是从该程序的 main 函数开始,在 main 函数最后结束。

（　　）

7. main 函数在程序中的位置,与它作为程序开始执行的地位没有什么关系。

（　　）

三、填空题

1. C 程序必须经过编辑、_____、连接才能生成一个可执行的二进制机器指令文件。

2. C 源程序的基本单位是_____。

3. 在一个 C 源程序中,注释部分两侧的分界符分别为_____和_____。

4. C 语言程序都是从名为_____的函数开始执行的。

5. C 源程序文件的扩展名是_____;经编译后,生成的目标文件的扩展名是_____;经连接后生成的可执行文件的扩展名是_____。

第 ② 单元

探索 C 语言新知

学习目标

　　学员完成本单元的学习任务后,应能够根据实际问题的需要,合理定义所用到的变量,并能进行相关信息的输入输出;会用 if、switch、for、while 或 do-while 语句编写程序解决实际问题。

学习任务

　　任务1　数据分离重组
　　任务2　信息加密
　　任务3　雇员工资计算器程序设计
　　任务4　百万富翁与陌生人换钱计划程序设计

任务 1　数据分离重组

　　学员通过完成本次任务,应重点学会整型变量的定义和输入输出方法,学会用/(除法)和%(取余)运算分离数据。

【任务描述】

　　从键盘上输入一个 3 位整数,分离出个位、十位、百位上的数字并输出。

【任务分析】

　　(1) 输入一个 3 位整数。
　　(2) 分离数据。
　　(3) 输出数据。

【相关知识】

1. 数据和数据类型

数据是程序加工处理的对象。考虑不同类型的数据存储格式不同,所能实施的操作也不同,因而将数据区分成不同的类型。

　　C 语言数据类型丰富,大致可分为基本类型、构造类型、指针类型和空类型四大类,具体如图 2-1 所示。

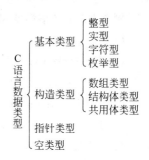

图 2-1　C 语言数据类型

2. 常量和变量

　　在 C 语言中,数据是以变量或常量形式描述的。

　　常量是指在程序运行过程中,其值不能被改变的量,如 3.14、25、"A"和'a'都是常量,其类型分别是实型、整型、字符串和字符型。

　　变量是指在程序运行过程中,其值可以改变的量。每个变量必须有一个名字作为标识,称为变量名。C 语言中变量名由用户定义,但必须符合标识符的命名规则。

　　标识符是用户自行定义的符号,用来标识变量、函数、数组等。C 语言规定,标识符的组成成分可以是字母、数字或下划线,但是必须以字母或下划线开头。如 _myCar 和 sum6 都是合法的标识符,而 3ab、my-Car 和 a@b 都是非法的标识符(说明:3ab 以数字开头,所以不是合法的标识符;my-Car 中含有非法字符-,所以不是合法的标识符;a@b 中含有非法字符@,所以不是合法的标识符)。

　　需要特别注意的是,在 C 语言中,字母是区分大小写的,Sum 和 sum 是两个不同的标识符。初学者应特别注意这一点。

3. 整型常量和变量

　　1) 整型常量

　　在 C 语言中,整型常量可用 3 种形式表示。

　　(1) 十进制,如 23、−168、0 等。

　　(2) 八进制,以数字 0 开头,如 017、035。但是 018 不是合法的 C 语言整数,因为八进制数中不含数字 8。

　　(3) 十六进制,以数字 0 和字母 x 或 X 开头,如 0X41、0x30 都是合法的 C 语言整数,它们分别代表十进制数 65、48。

　　2) 整型变量

　　(1) 整型变量可分为 4 种,即基本型、短整型、长整型和无符号型。VC 6.0 为 int 变量开辟 4 个字节的内存单元,具体内容如表 2-1 所示。

表 2-1　各种整型数据

数据类型	所占字节数	说　明	数据类型	所占字节数	说　明
int	4	基本型	long	4	长整型
short	2	短整型	unsigned	4	无符号型

　　(2) 整型变量定义格式:

　　数据类型　变量名表;

其中,变量名表中可以包含一个或多个变量。如果有多个变量,变量之间用逗号隔开。

例 2-1　定义整型变量。

(1) int x,y;

(2) int age=16;

(3) int a=5,b=6,t;

(4) int i=0,sum=0;

说明:

(1) 定义 2 个整型变量 x 和 y,变量之间用逗号隔开。

(2) 定义 1 个整型变量 age,它的初始值是 16。

(3) 定义 3 个整型变量 a、b 和 t,其中 a 的初始值是 5,b 的初始值是 6。

(4) 定义 2 个整型变量 i 和 sum,它们的初始值都是 0。但不能写成 int i=sum=0;。

4. 整型数据的输入输出

C 语言本身没有提供输入输出语句,所有的输入输出操作都是通过函数实现的。

1) 整型数据的输入

在 C 语言中,整型数据的输入可以通过 scanf 函数实现。scanf 是格式化输入函数,其作用是从标准的输入设备(键盘)读入数据。

例 2-2　从键盘上输入一个整数。

思路:先定义一个整型变量,再利用 scanf 函数实现。

具体代码如下:

```
int x;              /*定义一个整型变量 x*/
scanf("%d",&x);     /*从键盘上接收一个整数到变量 x 所对应的存储空间*/
```

说明:scanf 函数中双引号括起的部分称为“格式控制”,其中字母 d 称为格式字符,表示输入带符号的十进制整型数;字符 x 前面的符号 & 是取地址操作符,&x 表示取变量 x 的地址。

例 2-3　从键盘上输入 3 个整数。

思路:先定义 3 个整型变量,再利用 scanf 函数实现。

具体代码如下:

```
int x, y, z;        /*定义 3 个整型变量 x*/
scanf("%d%d%d",&x,&y,&z);
```

说明:当需要从键盘上输入 3 个整数时,每个变量都要对应一个格式字符;输入的数据是送往变量对应的存储空间,所以每个变量之前都要取地址符号,如 &x、&y 和 &z,且变量之间用逗号隔开。

2) 整型数据的输出

在 C 语言中,整型数据的输出可以通过 printf 函数实现。printf 是格式化输出函数,其作用是在标准的输出设备(显示器)上按指定格式进行输出。

如果整型变量 age 用来存储年龄信息,它的初始值是 16,在 C 语言中可以用以下代码实现：

```
int age=16;
```

现要输出年龄信息,可采用下面的语句：

```
printf("%d",age);
```

执行这个语句后,显示结果如下：

```
16Press  any  key  to  continue
```

其中,Press any key to continue 是系统自动显示的提示信息。

用户看到上面的显示结果,并不知道 16 代表什么含义,如果在前面加上相应的提示信息,效果就不一样了。

```
printf("年龄：%d",age);
```

执行这个语句后,显示结果如下：

```
年龄：16Press  any  key  to  continue
```

在 16 前面增加了"年龄：",用户很容易了解输出的这个整数表示的含义。

但这还不够,为了能够突出程序的运行结果,可以将系统提示信息 Press any key to continue 显示在下一行。修改后的代码：

```
printf("年龄：%d\n",age);
```

执行上述代码后,显示结果如下：

```
年龄：16
Press  any  key  to  continue
```

其中,双引号内新增的"\n"表示换行符。

如果用户希望显示的结果与系统的提示信息之间的距离更远一些,可以多输出几个换行符。例如：

```
printf("年龄：%d\n\n\n",age);
```

此时,显示结果为：

```
年龄：16


Press  any  key  to  continue
```

这样更能突出程序的运行结果。

5. 算术运算符

在 C 语言中,提供了算术运算符 ＋、－、＊、/、％,分别为加、减、乘、除、取余运算符。

加(＋)、减(－)、乘(＊)用法与数学中相同。但除(/)不同,当参加除(/)运算的两个数据都是整数时,运算结果为整数,即只取结果的整数部分,舍去小数部分,如 7/2 运算结果是 3、1/2 运算结果是 0。注意,这里不存在四舍五入的问题。当参加除(/)运算的数据中有一个实数,则运算结果与数学相同,如 7.0/2 运算结果是 3.5、1.0/2 运算结果是 0.5。

取余(%)运算的对象只能是整型,结果取两个数相除的余数部分,如 7%2 运算结果是 1、6%10 运算结果是 6。

在同一个表达式中,可以出现多个运算符,与数学中相同,先乘、除、取余,后加、减。其中乘(*)、除(/)、取余(%)级别相同,加(+)、减(-)级别相同,同级别的运算符同时出现时,按从左向右的原则进行计算,这在 C 语言中也称为运算符的左结合性。

6. 赋值运算符

在 C 语言中,赋值运算符用"="表示。

由赋值运算符组成的表达式称为赋值表达式,其形式如下:

变量=表达式

其中,赋值运算符(=)的左边必须是变量,右边必须是 C 语言中合法的表达式。

如 x = 3%7+2 是合法的 C 语言赋值表达式,而 x+2 = y 不是 C 语言中合法的表达式,因为赋值运算符(=)的左边是 x+2,它不是变量。

赋值运算的功能是先求出右边表达式的值,然后将这个值存储在左边变量对应的存储空间中。由此可见,可以借助赋值运算完成信息的存储。例如,x 和 y 是两个都被定义的整型变量,现要将 10 和 20 分别存储在 x 和 y 变量中,可采用以下代码:

```
x =10 ;
y =20 ;
```

在一个表达式中,当同时出现算术运算符和赋值运算符时,赋值运算符的级别低于算术运算符。例如,在表达式 x = 3%7+2 中,既含有算术运算符(%、+),又含有赋值运算符(=),算术运算符的级别高于赋值运算符,因此先计算 3%7 再与 2 相加,最后把计算结果存储在左边变量 x 对应的存储空间中。

【任务实施】

```
/*********************************************************************/
/* 程序: zhhr2_1.c                                                  */
/* 功能:从键盘上输入一个 3 位整数,分离出个位、十位、百位上的数字,并输出  */
/* 时间:2014-3-1                                                     */
/*********************************************************************/

#include<stdio.h>
void main()
{
    int data,ge,shi,bai;                    /*定义变量*/

    printf("请输入一个 3 位整数:");
    scanf("%d",&data);                      /*输入数据*/
```

```
    ge =data %10;                       /* 分离个位 */
    shi =data / 10 %10;                 /* 分离十位 */
    bai =data / 100 %10;                /* 分离百位 */

    printf("\n 个位上的数字是：%d",ge);     /* 输出个位上的数字 */
    printf("\n\n 十位上的数字是：%d",shi);  /* 输出十位上的数字 */
    printf("\n\n 百位上的数字是：%d",bai);  /* 输出百位上的数字 */
    printf("\n\n");
}
```

【分析提升】

1. 变量定义

```
int data,ge,shi,bai;
```

　　程序中共定义了 4 个变量，data 用来存储从键盘上接收的整数，ge 用来存储个位上的数字，shi 用来存储十位上的数字，bai 用来存储百位上的数字。

　　C 语言规定，所有变量必须先定义再使用。而初学者往往不知道程序中该定义几个变量，建议编程时先按照编程思路写出对应的代码，然后回过头再补充上变量的定义。本任务中，考虑要存储从键盘上输入的整数，所以定义了一个 data 变量（变量名由用户自己定，但必须符合标识符的命名规则）。由题目要求可知，要分离出个位、十位和百位，为了便于后面的显示输出，又定义了 3 个变量，分别取个、十、百的汉语拼音 ge、shi、bai 作为变量名。

2. 输入数据

```
printf("请输入一个 3 位整数：");
scanf("%d",&data);
```

　　程序中首先利用格式化输出函数 printf 给出提示信息，然后借助 scanf 函数从键盘上输入一个整数到 data 变量对应的地址单元中。

3. 数据分离

```
ge =data %10;
shi =data / 10 %10;
bai =data / 100 %10;
```

　　利用除法和取余运算可以分离数据的个位、十位和百位。例如，237%10 运算的结果是 237 除以 10 的余数部分，即个位数字 7；98%10 运算结果是 98 除以 10 的余数部分，即个位上的数字 8。实际上，任何一个整数和 10 取余，运算的结果都是个位上的数字。

　　要想得到十位上的数字，首先想到除以 10，比如 237/10 运算的结果是 23，但它只是将个位去掉了，并不是十位上的数字。要想得到 237 十位上的数字，还需要利用取个位数字的方法，用 23 和 10 取余。即 237/10%10 运算的结果是十位上的数字 3。此方法可用于取十位上的数字。以此类推，可得到百位上数字的求解方法。

当然,得到十位、百位上数字的方法并不唯一。如果要求十位上的数字,也可以先与100取余,再除以10。比如要取1478十位上的数字7,可以用1478%100/10得到。因为1478%100运算结果是1478除以100的余数部分(78),78/10运算结果正好是十位上的数字7。

4. 输出数据

```
printf("\n个位上的数字是:%d",ge);
printf("\n\n十位上的数字是:%d",shi);
printf("\n\n百位上的数字是:%d",bai);
printf("\n\n");
```

为了让读者更好地了解运算结果,这里采用分行的方式显示程序的执行结果:

```
请输入一个3位整数:389
个位上的数字是:9
十位上的数字是:8
百位上的数字是:3
```

在上述运行结果中,389和随后的回车键(注:回车键是不可显示字符)是用户输入的,其余信息是程序运行自动显示的结果。

一个程序可以运行多次。每次程序运行时,输入的数据不同,显示的结果也不同。

【任务拓展】

(1)"水仙花数"是一个特殊的3位数,其值等于各个位上的立方和。现要求从键盘上输入一个3位数,求其各个位上的立方和。

(2)从键盘上输入一个4位数,求个位数位置上的值减去千位数位置上的值再减去百位数位置上的值最后减去十位数位置上的值所得结果。

题目摘自:全国等级考试三级考试试题,完整题目要求如下。

已知数据文件IN.DAT中存有200个4位数,并已调用读函数readDat()把这些数存入数组a,请考生编制一个函数jsVal(),其功能是:把一个4位数个位数位置上的值减去千位数位置上的值,再减去百位数位置上的值,最后减去十位数位置上的值,如果得出的值大于等于零且原4位数是偶数,则统计满足此条件的个数cnt,并把这些4位数按从小到大的顺序存入数组b,最后调用写函数writeDat()把结果cnt以及数组b中符合条件的4位数输出到OUT.DAT文件中。

【自我检测】

1. 以下选项中,不合法的标识符是(   )。(2013.3 二级C考题)

   A. &a   B. FOR   C. print   D. _00

2. 以下选项中,可用作C语言中合法用户标识符的是(   )。

   A. _123   B. void   C. -abc   D. 2a

3. 以下选项中,正确的整型常量是( )。

    A. 12.   B. −20   C. 1,000   D. 4 5 6

4. C 源程序不能表示的数制是( )。

    A. 十六进制   B. 八进制   C. 十进制   D. 二进制

5. 合法的八进制数是( )。

    A. 0   B. 028   C. −077   D. 01.0

6. 不合法的十六进制数是( )。

    A. oxff   B. 0Xabc   C. 0x11   D. 0x19

7. 按照 C 语言规定的用户标识符命名规则,不能出现在标识符中的是( )。

    A. 大写字母   B. 下划线   C. 数字字符   D. 连接符

8. 以下选项中,不属于 C 语言标识符的是( )。

    A. 常量   B. 用户标识符   C. 关键字   D. 预定义标识符

9. 以下叙述中,正确的是( )。

    A. C 语言中的关键字不能作变量名,但可以作为函数名

    B. 标识符的长度不能任意长,最多只能包含 16 个字符

    C. 标识符总是由字母、数字和下划线组成,且第一个字符不得为数字

    D. 用户自定义的标识符必须"见名知义",如果随意定义,则会出现编译错误

10. 关于 C 语言的变量名,以下叙述正确的是( )。

    A. 变量名不可以与关键字同名

    B. 变量名不可以与预定义标识符同名

    C. 变量名必须以字母开头

    D. 变量名是没有长度限制的

11. 若有定义:

```
int a,b;
```

通过语句:

```
scanf("%d;%d",&a,&b);
```

能把整数 3 赋给变量 a,5 赋给变量 b 的输入数据是( )。

    A. 3 5   B. 3,5   C. 3;5   D. 35

12. 若有定义语句:

```
int a=3, b=2,c=1;
```

以下选项中,错误的赋值表达式是( )。

    A. a=(b=4)=3;   B. a=b=c+1;

    C. a=(b=4)+c;   D. a=1+(b=c=4);

13. 有以下程序:

```
#include <stdio.h>
```

```
void main()
{
    int a=1,b=0;
    printf("%d,",b=a+b);
    printf("%d\n",a=2*b);
}
```

程序运行后的输出结果是（　　）。

　　A. 1,2　　　　　B. 1,0　　　　　C. 3,2　　　　　D. 0,0

14. 若变量 x、y 已正确定义成 int 型，要通过语句：

```
scanf("%d,%d,%d",&a,&b,&c);
```

给 a 赋值 1，给 b 赋值 2，给 c 赋值 3，以下输入形式中，错误的是（　　）。

　　A. 1,2,3<回车>　　　　　　B. 　1,2,3<回车>

　　C. 1,　2,　3<回车>　　　　 D. 1 2 3<回车>

15. 有以下程序：

```
#include <stdio.h>
void main()
{
    int k=33;
    printf("%d,%o,%x\n",k,k,k);
}
```

程序的运行结果是（　　）。

　　A. 33,21,41　　B. 33,33,33　　C. 41,33,21　　D. 33,41,21

任务 2　信 息 加 密

学员通过完成本次任务，应重点学会字符型常量的表示方法、字符型变量的定义和初始化、字符型数据的输入输出。

【任务描述】

从键盘上输入一个数字字符，对其进行加密，即将'0' 转换成'9'，'1' 转换成'8'，'2' 转换成'7'，…，'9' 转换成'0'，输出加密后的字符。

【任务分析】

（1）输入一个数字字符。

（2）加密。

（3）输出加密后的字符。

【相关知识】

1. 字符型常量和变量

1) 字符型常量

在 C 语言中,用单引号括起来的一个字符称为字符型常量,如'a'、'+'、'6'都是合法的字符型常量。

此外,C 语言中还允许一种特殊形式的字符常量,这些字符常量总是以一个反斜线"\"开头,后跟一个特殊的字符,如'\n'表示回车换行符、'\\'表示反斜杠字符、'\"'表示双引号字符、'\''表示单引号字符。表 2-2 列出了一些常用的转义字符。

表 2-2　常用转义字符

字符常量	功　　能	字符常量	功　　能
'\n'	回车换行符	'\''	单引号
'\t'	横向跳格	'\b'	退格
'\\'	反斜杠	'\0'	空值(字符串结束标志)
'\"'	双引号	'\a'	响铃

说明:

(1) 6 和'6'是不同的,其中 6 是整型数据,'6'是字符型数据(初学者应该特别注意这一点)。

(2) '\101'也是一个字符常量,代表八进制数 101 作为 ASCII 码值所对应的字符(其中,八进制数 101 代表的十进制是 65,ASCII 是 American Standard Code for Information Interchange 即美国信息交换标准代码的英文缩写,简称 ASCII 码。ASCII 码值 65 对应的字符是大写字母 A)。

2) 字符型变量

在 C 语言中,字符型变量用 char 进行定义,具体定义格式如下:

char 变量名表;

其中,变量名表中可以包含一个或多个变量,如果同时定义多个变量,变量之间用逗号隔开。例如:

char op,flag='Y';

这里,定义了两个字符型变量 op 和 flag,每个字符型变量占用 1 个字节的存储空间,flag 的初始值是'Y'。但是在 flag 对应的存储空间内绝不是存储大写字母 Y 符号,而是存储大写字母 Y 对应的 ASCII 值(89)。正因为如此,字符型数据与整型数据之间可以相互赋值,但必须在一个字节表示的数据范围之内(因为字符型变量占用一个字节的存储空间)。

2. 常见字符 ASCII 码

大写字母和小写字母的 ASCII 码值如表 2-3 所示。从表 2-3 中可以看出,同一字母

大小写的 ASCII 码值相差 32,即

大写字母＋32 ⇒ 小写字母

小写字母－32 ⇒ 大写字母

表 2-3   大小写字母 ASCII 码值

大写字母(ASCII)	A(65)	B(66)	C(67)	D(68)	…	Z(90)
小写字母(ASCII)	a(97)	b(98)	c(99)	d(100)	…	z(122)

数字字符的 ASCII 码值如表 2-4 所示。从表 2-4 中可以看出,数字字符与数字之间相差 48,即:

数字字符－48 ⇒ 数字

数字＋48 ⇒ 数字字符

表 2-4   数字字符 ASCII 码值

数字字符(ASCII)	'0'(48)	'1'(49)	'2'(50)	'3'(51)	…	'9'(57)
数字	0	1	2	3	…	9

3. 字符型数据的输入输出

1) 字符型数据的输入

同整型数据的输入一样,字符型数据也可以通过 scanf 函数实现,但格式说明要改成“%c”。

例 2-4   从键盘上输入一个算术运算符号。

分析:常见的算术运算符有 ＋、－、*、/,每个运算符号都是一个字符,因此可以考虑用字符型变量存储从键盘上输入的算术运算符。

思路:先定义一个字符型变量,再利用 scanf 函数实现。

具体代码如下:

```
char op;              /* 定义一个字符型变量 op */
scanf("%c",&op);      /* 从键盘上接收一个字符到变量为 op 所对应的存储空间 */
```

字符型数据的输入还可以通过 getchar 函数完成。对于例 2-4,也可以采用以下代码:

```
char op;
op=getchar();
```

说明:getchar 后面紧跟一对圆括号,圆括号内没有参数,但是这一对圆括号不可省,getchar()函数从标准输入设备(键盘)读入一个字符作为函数值,通过赋值运算将其存储在 op 变量中。

getchar 和 scanf 函数都可以进行字符型数据的输入,但 getchar 只能用于字符型数据的输入,且每次只能输入一个字符,在使用时,getchar 不带参数。而 scanf 可以输入各种类型的数据,如整型、字符型等,且一次可以输入多个数据。

2）字符型数据的输出

同整型数据的输出一样,字符型数据也可以通过 printf 函数实现,但格式说明要改成"%c"。

例 2-5　将例 2-4 中输入的运算符号显示在屏幕上。

具体代码如下:

```
printf("%c",op);
```

当然,字符型数据的输出还可以通过 putchar 函数完成。对于例 2-5,也可以采用以下代码:

```
putchar(op);
```

说明:putchar 后面的圆括号内可以是字符常量,也可以是字符变量。例如,putchar(op);将在标准输出设备(显示器)上输出字符变量 op 的值;putchar('+');将在显示器上输出字符+。

printf 和 putchar 函数都可以进行字符型数据的输出,但 putchar 只能输出字符型数据,且每次只能输出一个字符;而 printf 可以输出整型、字符型等多种类型的数据,且一次可以输出多个数据。

【任务实施】

```
/**************************************************************************/
/* 程序: zhhr2_2.c                                                       */
/* 功能:从键盘上输入一个数字字符,对其进行加密,即将'0'转换成'9',            */
/*       '1'转换成'8', '2'转换成'7',…,'9'转换成'0',输出加密后的字符。     */
/* 时间:2014-3-11                                                        */
/**************************************************************************/

#include<stdio.h>
void main()
{
    char digit;                            /*定义变量*/

    printf("请输入一个数字字符:");
    scanf("%c",&digit);                    /*输入数据*/

    digit=digit-48;                        /*数字字符 ->数字*/
    digit=9-digit;                         /*对数字进行加密*/
    digit=digit+48;                        /*数字 ->数字字符*/

    printf("\n\n 加密后的字符是:%c",digit); /*输出加密后的字符*/
    printf("\n\n\n");
}
```

【分析提升】

1. 变量定义

```
char digit;
```

程序中定义了一个 digit 变量,用来存储从键盘上输入的数字字符。

2. 输入数据

```
printf("请输入一个数字字符: ");
scanf("%c",&digit);
```

程序中首先利用格式化输出函数 printf 给出提示信息,然后借助 scanf 函数从键盘上输入一个字符到 digit 变量对应的地址单元中。这里,对于数字字符的输入也可以借助 getchar 函数实现,具体代码如下:

```
digit =getchar ();
```

3. 加密

```
digit=digit-48;
digit=9-digit;
digit=digit+48;
```

任务中给出的加密的方法是:将'0'转换成'9','1'转换成'8','2'转换成'7',…,'9'转换成'0'。

一般情况下,对整数 0 转换成 9,1 转换成 8,2 转换成 7,初学者比较容易理解。所以,这里首先将数字字符转换成数字,再对数字进行加密,最后将数字转换成数字字符。具体步骤如下:

(1)数字字符⇒数字。

(2)数字加密。

(3)数字⇒数字字符。

由"相关知识"第 2 部分可知,数字字符－48 可以转换成数字,数字 ＋ 48 可以转换成数字字符。于是,解决问题的关键在于数字加密部分。

在表 2-5 中列出了加密前后数字的对应关系,以及加密前后数字的累加和。从表 2-5

表 2-5　加密前后数字间关系

加密前数字	加密后数字	加密前数字＋加密后数字
0	9	9
1	8	9
2	7	9
⋮	⋮	⋮
9	0	9

中可以看出：加密后的数字 ＝ 9－加密前的数字。

由上述分析可以得到以数字字符加密的对应代码。

（1）数字字符⇒数字 digit＝digit－48；。

（2）数字加密 digit＝9－digit；。

（3）数字⇒数字字符 digit＝digit＋48；。

4. 输出数据

```
printf("\n\n加密后的字符是：%c",digit);　/＊输出加密后的字符＊/
printf("\n\n\n");
```

在程序运行过程中，首先显示提示信息：

请输入一个数字字符：

其中，白色的短线是光标，它在不断地闪烁，当用户从键盘上输入数字 9 并按回车键后，程序继续向下执行，显示加密后的结果。具体显示如下：

请输入一个数字字符：9
加密后的字符是：0

这里需要特别说明的是，输入数字 9 后，必须按回车键程序才能继续运行，这一点对初学者来说尤其需要注意。

当然，对于数字字符的加密，也可以用语句 digit ＝ 9－（digit －48）＋48；来实现。

【自我检测】

1. 若有定义语句：

```
char a='\82';
```

则变量 a（　　）。

    A. 说明不合法　　　　　　　　B. 包含 1 个字符

    C. 包含 2 个字符　　　　　　　D. 包含 3 个字符

2. 有以下程序：

```
#include <stdio.h>
void main()
{
  char c1='A',c2='Y';
  printf("%d,%d\n",c1,c2);
}
```

程序的输出结果是（　　）。

    A. 输出格式不合法，输出出错信息　　B. 65,89

    C. 65,90　　　　　　　　　　　　　D. A,Y

3. C 语言中 char 类型数据占字节数为（　　）。

    A. 1　　　　　　　B. 2　　　　　　　C. 3　　　　　　　D. 4

4. 有以下程序：

```
#include <stdio.h>
void main()
{
    char c1,c2;
    c1='A'+'8'-'4';
    c2='A'+'8'-'5';
    printf("%c,%d\n",c1,c2);
}
```

已知字母 A 的 ASCII 码为 65,程序运行后的输出结果是(   )。

 A. E,68   B. D,69   C. E,D   D. 输出无定值

5. 若有定义语句

```
char  c='\101';
```

则变量 c 在内存中占(   )个字节。

 A. 4   B. 3   C. 1   D. 2

6. 以下不合法的字符常量是(   )。(2013.9 二级 C 考题)

 A. '\\'   B. '\"'   C. '\018'   D. '\xcc'

7. 以下选项中,非法的 C 语言字符常量是(   )。(2013.9 二级 C 考题)

 A. '\007'   B. '\b'   C. 'aa'   D. '\xaa'

8. 有以下定义语句,编译时会出现编译错误的是(   )。

 A. char a='\x2d';   B. char a='\n';

 C. char a='a';   D. char a="aa";

9. 以下合法的字符常量是(   )。

 A. "X"   B. 'x'   C. 'abc'   D. '\'

10. 已知大写字母 A 的 ASCII 码是 65,小写字母 a 的 ASCII 码是 97,以下不能将变量 c 中的大写字母转换为对应的小写字母的语句是(   )。

  A. c=('A'+c)%26−'a'   B. c=c+32

  C. c=c−'A'+'a'   D. c=(c−'A')%26+'a'

11. 以下选项中,非法的 C 语言字符常量是(   )。

  A. '\X9D'   B. '9'   C. '\X09'   D. '\09'

12. 以下叙述中,正确的是(   )。

  A. '\0'表示字符 0   B. "a"表示一个字符常量

  C. 表达式 'a'>'b'的结果是"假" D. '\"'是非法的

13. 以下叙述中,正确的是(   )。

  A. 字符变量在定义时不能赋初值

  B. 字符常量可以参与任何整数运算

  C. 同一英文字母的大写和小写形式代表的是同一个字符常量

  D. 转义字符用@符号开头

14. 若有说明语句：

```
char  c='\72';
```

则变量 c 中存放的是（　　　）。

    A. 1 个字符　　　B. 2 个字符　　　C. 3 个字符　　　D. 说明语句不合法

15. 以下不能输出小写字母 a 的选项是（　　　）。

    A. printf("%c\n","a");　　　　　B. printf("%c\n",'A'+32);

    C. putchar(97);　　　　　　　　D. putchar('a');

任务 3　雇员工资计算器程序设计

学员通过完成本次任务，应重点学会：

（1）实型常量的表示方法、实型变量的定义和初始化、实型数据的输入输出。

（2）利用关系运算符和逻辑运算符表示各种条件的方法。

（3）利用 if 语句进行条件分支结构程序设计。

【任务描述】

某单位制定了员工周工资的计算办法：若员工周工作时间超过 40 小时，则超过部分按原工资的 1.5 倍计算；若员工周工作时间超过 50 小时，则超过部分按原工资的 2.5 倍计算。

编写一个程序，输入员工每小时的工资和周工作时间（以小时计），计算他的周工资并输出。

【任务分析】

（1）输入员工每小时的工资和周工作时间。

（2）计算周工资。

（3）输出周工资。

【相关知识】

1. 实型常量和变量

1）实型常量

实型常量又称实数或浮点数。在 C 语言中，实数有两种表示方法。

（1）小数形式。

小数形式是由正负号、数字和小数点组成的一种实数表示形式，如 0.12、-23.89 等都是合法的实型常量。注意：用小数形式表示实数常量时，必须有小数点，小数点前后可以没有数字，如.2 相当于 0.2，2. 相当于 2.0。

(2) 指数形式。

指数形式类似于数学中的指数形式。例如,236.78 在数学中可以用指数形式 2.3678×10^2 表示,考虑 C 语言中所有的字符必须在同一水平线上书写,规定 10^2 写成 E2(或 e2) 的形式,即在 C 语言中 236.78 可表示成 2.3678E2(或 2.3678e2)的指数形式。

在 C 语言中规定,字母 E 或 e 前必须有数字,且 E 或 e 后必须为整数,如 2.35e、e4 都是非法的指数形式。

2) 实型变量

(1) 实型变量可分为 3 种:单精度型、双精度型和长双精度型,具体内容如表 2-6 所示。

表 2-6　各种实型数据

数据类型	所占字节数	有效数字	说　明
float	4	6~7	单精度型
double	8	15~16	双精度型
long double	8	18~19	长双精度型

(2) 实型变量定义格式:

数据类型　变量名表;

实型变量的定义方法与整型变量相同。

例 2-6　根据程序要求定义变量。

程序要求:输入圆的半径,求其周长和面积并输出。

请问:程序中需要定义几个变量? 如何定义?

分析:程序中首先需要定义一个变量存放用户从键盘上输入的半径,考虑半径可以是整数、小数,为了满足实际问题的需要,将半径定义为实型。程序中还可以定义两个变量分别用来存储周长和面积的信息。

变量定义:

```
double r,c,area;
```

其中,r 用来存放半径;c 用来存储周长;area 用来存放面积。

当然,也可以将上述的 3 个变量都定义为单精度型。但在调试程序时,可能出现警告错误。具体定义如下:

```
float r,c,area;
```

2. 实型数据的输入输出

1) 实型数据的输入

在 C 语言中,实型数据可以通过 scanf 函数实现。但对于不同类型的实型变量,对应的格式说明有所不同。对于初学者要特别注意。

如果变量的类型是单精度实型,格式说明为"%f";如果变量的类型是双精度实型,格式说明为"%lf"(注意此处是小写字母 l,而不数字 1)。

例 2-7　输入一个实数到单精度类型变量 x 中。

```
float x;
scanf("%f",&x);
```

例 2-8　输入一个实数到双精度类型变量 y 中。

```
double y ;
scanf("%lf",&y);
```

2) 实型数据的输出

在 C 语言中,实型数据的输出可以通过 printf 函数实现,与输入不同,利用 printf 进行实型数据输出时,无论是单精度类型实数还是双精度类型实数,都可以通过格式说明"%f"实现。

例 2-9　实型数据的输出。

```
double y=5.23;
float x=-2.345;
printf("x=%f,y=%f",x,y);
printf("\n\n");
printf("x=%.2f,y=%.0f",x,y);
printf("\n\n");
```

程序的输出结果如下:

```
x=-2.345000,y=5.230000
x=-2.35,y=5
```

说明:

(1) 无论是 float 还是 double 类型的变量,都可以使用格式说明"%f"进行输出,默认情况下,小数点后面保留 6 位小数,如运行结果的第一行。

(2) 用户也可以指定小数点后面显示的位数,如"%.2f"表示小数点后面显示两位小数,而"%.0f"表示小数点后面不显示小数,即只显示整数部分。当指定小数点后面显示位数时,要特别注意四舍五入的问题。例如,x 的初始值是 -2.345,小数点后面显示两位后,显示的结果为 -2.35。

3. 关系运算符

关系运算实际上就是"比较运算",即进行两个运算对象大小的比较。在 C 语言中,关系运算常用于条件的断定中,用来决定程序的走向。

C 语言提供了 6 种关系运算符: >、<、>=、<=、==、!=,分别是大于、小于、大于等于、小于等于、等于和不等于运算符。其中后 4 种都是由两个字符组成的运算符,两个字符之间不能有空格。

由关系运算符构成的表达式称为关系表达式。关系表达式的两边可以是 C 语言中任意合法的表达式。关系表达式的运算结果有两种可能:"真"和"假"。在 C 语言中,"真"用 1 表示,"假"用 0 表示。例如,3<=5 关系表达式成立,结果为"真",其值为 1;而

表达式6==9不成立,结果为"假",其值为0。

关系运算符具有左结合性。其中,前4种运算符(>、<、>=、<=)优先级别相同,后两种运算符(==、!=)优先级别相同,且前4种优先级高于后两种运算符。例如,在关系表达式3<7<=2中,包含两个运算符<和<=,它们的优先级别相同,按照左结合性,从左向右计算,相当于表达式(3<7)<=2。首先求出3<7表达式的值(1),再计算1<=2表达式的值(1)。所以,表达式3<7<=2的值为1。

在数学中可以用关系表达式$0 \leqslant x \leqslant 6$表示大于等于0且小于等于6的数据,但在C语言中却不能直接翻译成表达式0<=x<=6。因为按照关系运算符的优先级和结合性可知,无论x取什么值,0<=x表达式的值1或0小于等于6都成立。

有了关系运算符,可以表示一些条件,如x是偶数可以写成表达式x%2==0;x是奇数可以写成表达式x%2==1;x是5的倍数可以写成表达式x%5==0。

4. 逻辑运算符

C语言提供了3种逻辑运算符:!、&& 和||,分别是逻辑非、逻辑与和逻辑或。其中,逻辑非(!)只需要一个运算对象,在C语言中,称这种运算符为单目运算符,如!x;而逻辑与(&&)和逻辑或(||)需要有两个操作数参与运算,这种运算符称为双目运算符。具体的运算规则如表2-7所示。

表 2-7　逻辑运算规则

x	y	!x	x&&y	x||y
非0	非0	0	非0	非0
非0	0	0	0	非0
0	非0	非0	0	非0
0	0	非0	0	0

利用逻辑非(!)运算,可以取当前条件的相反条件。例如,x不是7的倍数,这个条件可以用表达式!(x%7==0)表示。

逻辑与(&&)相当于口语中的"并且""同时",如数学中的表达式$0 \leqslant x \leqslant 6$,在C语言中可以写成表达式x>=0 && x<=6(注意:C语言中,小于等于、大于等于运算符的写法)。

逻辑或(||)相当于口语中的"或者",如数学中表达式$x \leqslant 6$ 或 $x \geqslant 10$,在C语言中可以写成表达式x<=6 || x>=10。

由逻辑运算符构成的表达式称为逻辑表达式。逻辑表达式的运算结果有两种可能:1或0。在逻辑运算符中,逻辑非(!)级别最高,其次是逻辑与(&&),最后是逻辑或(||)。

逻辑运算符、关系运算符、算术运算符和赋值运算符的优先级别如下:

!→算术运算符→关系运算符→&&→||→赋值运算符(从高→低)

利用逻辑运算符可以很容易表示出三条边a、b和c构成三角形的条件:

a+b>c && a+c>b && b+c>a && a>0 && b>0 && c>0

5. if语句

(1) if语句格式:

```
if(表达式) 语句 1
else      语句 2
```

(2) if 语句执行过程：首先计算紧跟 if 后面的圆括号内表达式的值，如果表达式取值为非 0，则执行语句 1；如果表达式取值为 0，则执行语句 2。

(3) 使用 if 语句需要注意以下几点。

① if 和 else 都是 C 语言中的关键字，必须小写，且不能用作用户自定义标识符。

② if 后面的表达式必须用圆括号括起来（初学者往往忽视这一点）。

③ 语句 1 和语句 2 可以是简单的一条语句；如果是多条语句，必须用一对花括号括起来，构成复合语句。

④ else 部分也可以省略，这样就形成不含 else 子句的 if 语句形式：

```
if(表达式)语句 1
```

例 2-10 分析下面程序段的执行结果。

```
int  a=10 ;
if(a>=10)
    printf("******");
else
    printf("###");
```

分析：程序中首先定义了整型变量 a，a 的初始值是 10。接着执行 if 语句，按照 if 语句的执行过程，先计算紧跟 if 后面圆括号内表达式 a>=10 的值，因为 a 变量的值是 10，所以 a>=10 表达式的值是 1，非 0，这时执行语句 printf("******")；在屏幕上输出 6 个星号。

程序的输出结果如下：

```
******
```

例 2-11 分析下面程序段的执行结果。

```
int a=10 , b=15 , t ;
if (a<b)
{
    t =a;
    a =b;
    b =t;
}
printf("a=%d,b=%d",a,b);
```

分析：程序中首先定义了 a、b、t 这 3 个变量，a 和 b 变量的初始值分别是 10 和 15，接着执行 if 语句，此处用到不含 else 子句的 if 语句形式，并且当 a<b 成立时，连续执行三条语句，这时用花括号括起来{t=a; a=b; b=t;}以复合语句的形式出现。具体执行每条语句后 a、b、t 的变化情况如表 2-8 所示。

从表 2-8 中可以看出，a 变量中最终存储的信息是 15，b 变量中最终存储的信息是 10。所以程序的执行结果是：

a＝15,b＝10

表2-8　语句执行变量的值

执行语句	a	b	t
int a＝10,b＝15,t;	10	15	
t＝a;			10
a＝b;	15		
b＝t;		10	

程序中通过连续执行 3 个赋值语句 t＝a；a＝b;b＝t;,实现了 a 和 b 两个变量值的互换。

【任务实施】

```
/***************************************************************/
/* 程序: zhhr2_3.c                                           */
/* 功能:某单位制定了员工周工资的计算办法:若员工周工作时间超过 40 小时,则超    */
/*     过部分按原工资的 1.5 倍计算。若员工周工作时间超过 50 小时,则超过部分   */
/*     按原工资的 2.5 倍计算。编写一个程序,输入员工每小时的工资和周工作时     */
/*     间(以小时计),计算他的周工资并输出                                */
/* 时间: 2014-3-19                                            */
/***************************************************************/

#include<stdio.h>
#include<conio.h>
void main()
{
    int hour;
    double h_wage,w_wage;
    printf("\n\t 请输入您的周工作时间(以小时计): ");
    scanf("%d",&hour);
    printf("\n\t 请输入每小时的工资: ");
    scanf("%lf",&h_wage);

    if(hour<=0||h_wage<=0)
        printf("\n\t 警告:输入数据无效!\n");
    else
    {
        if (hour<=40)
            w_wage=h_wage * hour;
        else
            if (hour<=50)
                w_wage=h_wage * 40+h_wage * 1.5 * (hour-40);
            else
                w_wage=h_wage * 40+h_wage * 1.5 * 10+h_wage * 2.5 * (hour-50);

        printf("\n\t 您的周工资为: %.2f 元\n\n",w_wage);
```

```
    }
    getch();
}
```

【分析提升】

1. 变量定义

```
int hour;
double h_wage,w_wage;
```

程序中定义了 3 个变量,hour 用来存放周工作时间,因为周工作时以小时计,所以应该是整型变量;h_wage 用来存放每小时工资,w_wage 用来存放周工资,考虑每小时工资有可能出现小数的形式,所以将 h_wage 和 w_wage 变量定义成实型变量,程序中将它们都定义成了 double 类型,当然也可以将变量 h_wage 和 w_wage 定义成 float 类型,但在 VC 6.0 环境下调试程序时,有可能出现两个警告错误,其中一个如下:

```
warning  c4244: '=' : conversion from 'double' to 'float' , possible loss of data
```

当然,如果精度要求不是较高的情况下,这个警告错误可以忽略。

2. 输入数据

```
printf("\n\t 请输入您的周工作时间 (以小时计) : ");
scanf ("%d",&hour);
printf("\n\t 请输入每小时的工资 : ");
scanf ("%lf",&h_wage);
```

任务要求"输入员工的小时工资和周工作时间(以小时计)",为了方便用户使用,在输入信息之前增加了提示信息。由于周工作时间 hour 是整型变量,所以利用 scanf 函数输入时对应的格式说明为"%d",而小时工资 h_wage 是 double 型变量,所以利用 scanf 函数输入时对应的格式说明为"%lf",这里要特别注意不能用"%f"。

利用 printf 函数输出提示信息时,首先输出换行符"\n",然后输出横向跳格符"\t",这样显示的信息可以离开显示窗口左侧一些空间再显示,效果更好。

3. 计算周工资

```
if(hour<=0||h_wage<=0)
    printf("\n\t 警告 : 输入数据无效 !\n");
else
{
    if (hour<=40)
        w_wage=h_wage * hour;
    else
        if (hour<=50)
            w_wage=h_wage * 40+h_wage * 1.5 * (hour-40);
        else
            w_wage=h_wage * 40+h_wage * 1.5 * 10+h_wage * 2.5 * (hour-50);
```

```
        printf("\n\t 您的周工资为：%.2f 元\n\n",w_wage);
    }
```

根据周工资的计算办法,得到周工资的计算公式为

$$
周工资 = \begin{cases} 周工作时间 \times 小时工资 & (周工作时间 \leqslant 40) \\ 40 \times 小时工资 + (周工作时间 - 40) \times 1.5 \times \\ \quad 小时工资 & (40 < 周工作时间 \leqslant 50) \\ 40 \times 小时工资 + 10 \times 1.5 \times 小时工资 + \\ \quad (周工作时间 - 50) \times 2.5 \times 小时工资 & (周工作时间 > 50) \end{cases}
$$

考虑用户可能输入无效的数据,所以首先进行了判断。伪代码如下:

(1) 如果周工作时间≤0 或者小时工资≤0,则显示警告信息。

(2) 如果 0<周工作时间≤40,计算周工资并输出(周工资＝周工作时间×小时工资)。

(3) 如果 40<周工作时间≤50,计算周工资并输出(周工资＝40×小时工资＋(周工作时间-40)×1.5×小时工资)。

(4) 如果周工作时间>50,计算周工资并输出(周工资＝40×小时工资＋10×1.5×小时工资＋(周工作时间-50)×2.5×小时工资)。

在 C 语言中,"如果……,则……"可以用 if 语句进行翻译,但要特别注意条件的书写方法。这里为了方便处理,采用了 if 语句内部又包含 if 语句的形式,即 if 语句的嵌套形式来实现。因为上文(2)、(3)、(4)中都存在输出周工资的问题,所以把这句代码单独写在最后。这样,当周工作时间和周小时都有效的情况下,需要执行两条语句,一条是分情况求周工资的 if 语句,另一条是输出周工资的语句。按照 C 语言的规定必须写成复合语句的形式。

4. 输出数据

```
printf("\n\t 您的周工资为:% .2f 元\n\n",w_wage);
```

当周工作时间为 40 小时,小时工资为 15 元时,执行结果如下:

```
请输入您的周工作时间(以小时计)：40
请输入每小时的工资：15
您的周工资为：600.00 元
```

当周工作时间为 48 小时,小时工资为 15 元时,执行结果如下:

```
请输入您的周工作时间(以小时计)：48
请输入每小时的工资：15
您的周工资为：700.00 元
```

当周工作时间为 55 小时,小时工资为 15 元时,执行结果如下:

```
请输入您的周工作时间(以小时计)：55
请输入每小时的工资：15
您的周工资为：1012.50 元
```

当周工作时间为 35 小时,小时工资为－16 元时,执行结果如下:

请输入您的周工作时间(以小时计):35
请输入每小时的工资:-15
警告:输入数据无效!

【拓展知识】

1. switch 语句

(1) switch 语句的格式。

```
switch(表达式)
{
    case 常量表达式 1:语句序列 1
    case 常量表达式 2:语句序列 2
              ⋮
    case 常量表达式 n:语句序列 n
    default:语句序列 n+1
}
```

(2) switch 语句执行过程。

① 计算表达式。

② 如果表达式的值与常量表达式 1 的值相等,则从语句序列 1 开始,依次执行语句序列 1、语句序列 2、…、语句序列 n、语句序列 n+1,直到 switch 语句体结束;否则,如果表达式的值与常量表达式 2 的值相等,则从语句序列 2 开始,依次执行语句序列 2、语句序列 3、…、语句序列 n、语句序列 n+1,直到 switch 语句体结束;以此类推,如果表达式的值与上述每个常量表达式的值都不相等,则执行 default 后面的语句序列 n+1,直到 switch 语句体结束。

(3) 使用 switch 语句需要注意的问题。

① switch、case、default 都是 C 语言的关键字,必须小写,且不能用作用户自定义标识符。

② switch 后面的表达式必须用圆括号括起来,表达式可以是整型表达式或字符型表达式。

③ switch 语句中花括号括起来的部分称为 switch 语句体。

④ 每个常量表达式的后面必须加冒号,即使是 default 后面也必须加冒号。

⑤ case 和常量表达式之间必须加空格。

⑥ 语句序列可以是一条语句,也可以是若干语句。

⑦ 如果表达式的值与上述每个常量表达式的值都不相等,且又没有 default,则跳过 switch 语句体,执行 switch 语句之后的语句。

⑧ 在 switch 语句中可以使用 break 语句。

⑨ 多个 case 可以共用一组语句序列。

(4) 在 switch 语句中使用 break 语句。

在 switch 语句中可以使用 break 语句,break 语句的作用是提前结束 switch 语句的执行。如果在每个语句序列的最后都是 break 语句,这样的 switch 语句可以用 if 语句替代。例如:

```
switch(k)
{
    case 1:
    case 2:
    case 3: printf("********\n");break;
    case 4:
    case 5: printf("########\n"); break;
    default:printf("$$$$$$$ \n");
}
```

在上述 switch 语句中,k=1、2、3 时,共用一组语句序列;k=4、5 时,共用一组语句序列。根据 switch 语句的执行过程可知,等效的 if 语句为:

```
if(k==1||k==2||k==3)
    printf("********\n");
else
    if(k==4||k==5)
        printf("########\n");
    else
        printf("$$$$$$$$\n");
```

2. 条件运算符

(1) 运算符号为?:。

(2) 格式:表达式 1? 表达式 2:表达式 3。

(3) 由条件运算符构成的表达式称为条件表达式。

(4) 条件表达式的值:如果表达式 1 非 0,条件表达式的值就是表达式 2 的值;否则,条件表达式的值就是表达式 3 的值。

(5) 条件运算符是 C 语言中唯一一个需要 3 个操作数参与的运算符,即三目运算符。

(6) 条件运算符的优先级别仅高于赋值运算符(含复合赋值运算符)和逗号运算符。

3. 逗号运算符

在 C 语言中,逗号也是运算符,初学者不可乱用。

(1) 格式:表达式 1,表达式 2,…,表达式 n。

(2) 由逗号运算符连接的表达式称为逗号表达式。

(3) 逗号表达式的值:首先计算表达式 1,然后计算表达式 2,…,以此类推,最后计算表达式 n,逗号表达式的值就是表达式 n 的值。

(4) 逗号表达式的优先级别最低。

```
int  x=2,y=3;   /* 此处的逗号是分隔符,不是运算符 */
```

表达式 ＋＋x，y＋2，x＋y 的值是 6(说明表达式 ＋＋x，y＋2，x＋y 中的逗号是运算符)。

【自我检测】

1. 以下选项中,正确的实型常量是(　　)。

   A. 0　　　　　　B. 3.1415　　　　C. 0.329×10² 　　D. .871

2. 以下选项中可用作 C 程序合法实数的是(　　)。(2013.9 二级 C 考题)

   A. 3.0e2.0　　　B. .1e0　　　　　C. E9　　　　　　D. 9.12E

3. 表达式：(int)((double)9/2)－9％2 的值是(　　)。(2013.9 二级 C 考题)

   A. 0　　　　　　B. 3　　　　　　C. 4　　　　　　D. 5

4. C 语言中,double 类型数据占字节数为(　　)。

   A. 4　　　　　　B. 8　　　　　　C. 12　　　　　D. 16

5. 若有定义语句:

   ```
   int  x=12 , y=8 , z;
   ```

   在其后执行语句为 z＝0.9＋x/y;,则 z 的值为(　　)。

   A. 1　　　　　　B. 1.9　　　　　C. 2　　　　　　D. 2.4

6. 表达式 3.6－5/2＋1.2＋5％2 的值是(　　)。

   A. 4.3　　　　　B. 4.8　　　　　C. 3.3　　　　　D. 3.8

7. C 语言中,运算对象必须是整型数的运算符是(　　)。

   A. ＆＆　　　　　B. /　　　　　　C. ％　　　　　　D. ＊

8. 以下选项中,当 x 为大于 1 的奇数时,值为 0 的表达式是(　　)。

   A. x％2＝＝0　　B. x/2　　　　　C. x％2!＝0　　　D. x％2＝＝1

9. 以下叙述中,正确的是(　　)。

   A. 在 C 语言中,逻辑真值和假值分别对应 1 和 0

   B. 关系运算符两边的运算对象可以是 C 语言中任意合法的表达式

   C. 对于浮点变量 x 和 y,表达式：x＝＝y 是非法的,会显示编译错误

   D. 分支结构是根据算术表达式的结果判断流程走向

10. 有以下程序:

    ```
    #include <stdio.h>
    void main()
    {
        int x=35,B;
        char z='B';
        B=((x)&&(z<'b'));
        printf("%d\n",B);
    }
    ```

    程序运行后的输出结果是(　　)。

　　　A. 1　　　　　　B. 0　　　　　　C. 35　　　　　　D. 66

11. if语句的基本形式是:

```
if(表达式) 语句
```

以下关于"表达式"值的叙述中,正确的是(　　　)。

　　A. 必须是逻辑值　　　　　　　　B. 必须是整数值

　　C. 必须是正数　　　　　　　　　D. 可以是任意合法的数值

12. 若有以下程序:

```
#include<stdio.h>
main()
{
    int a=1,b=2,c=3,d=4;
    if ((a=2)&&(b=1)) c=2;
    if ((c==3)||(d=-1)) a=5;
    printf("%d,%d,%d,%d\n",a,b,c,d);
}
```

则程序输出的结果是(　　　)。

　　A. 2,2,2,4　　　B. 2,1,2,-1　　　C. 5,1,2,-1　　　D. 1,2,3,4

13. 下列表达式中,结果为假的是(　　　)。

　　A. 3<=4　　　B. (3<4)==1　　　C. (3+4)>6　　　D. (3!=4)>2

14. 以下叙述中,正确的是(　　　)。

　　A. 逻辑"或"(运算符号||)的运算级别比算术运算要高

　　B. C语言的关系表达式 0<x<10 完全等价于(0<x)&&(x<10)

　　C. 逻辑"非"(即运算符号!)的运算级别是最低的

　　D. 由 && 构成的逻辑表达式与由||构成的逻辑表达式都有"短路"现象

15. 有以下程序:

```
#include<stdio.h>
main()
{
    double x=2.0,y;
    if(x<0.0) y=0.0;
    else if((x<5.0)&&(!x)) y=1.0/(x+2.0);
    else if(x<10.0) y=1.0/x;
    else y=10.0;
    printf("%f\n",y);
}
```

程序运行后的输出结果为(　　　)。

　　A. 0.000000　　　B. 0.250000　　　C. 0.500000　　　D. 1.000000

任务 4　百万富翁与陌生人换钱计划程序设计

学员通过完成本次任务,应重点学会:

(1) 根据实际问题的需要确定变量的类型,并进行变量的定义。

(2) 正确输入、输出数据。

(3) 自加和自减运算符的使用方法。

(4) 利用循环语句(while、do-while、for)计算百万富翁给陌生人钱的方法。

【任务描述】

一个陌生人找一个百万富翁谈换钱计划。该计划如下:“我每天给你 10 万元,而你第一天只需给我 1 分钱,第二天给我 2 分钱,第三天给我 4 分钱,也就是说,你每天给我的钱是前一天的 2 倍,直到满 30 天。”百万富翁很高兴,欣然接受了这个计划。

请编写一个程序,计算 30 天百万富翁给了陌生人多少钱,陌生人给了百万富翁多少钱。

【任务分析】

(1) 计算陌生人给百万富翁多少钱。

(2) 计算百万富翁给陌生人多少钱。

(3) 输出。

【相关知识】

1. 复合赋值运算符

在赋值运算符之前可以加上算术运算符,从而构成复合赋值运算符。这些复合赋值运算符分别是 $+=$、$-=$、$*=$、$/=$ 和 $\%=$。在使用复合赋值运算符时,一定要注意两个符号之间不能有空格。

复合赋值运算符使用格式如下:

变量复合赋值运算符　表达式

例 2-12　已知 int x＝3,y＝5;计算表达式 x＊＝y＋2 的值。

x＊＝y＋2 等效于 x ＝ x＊(y＋2)

x 的值是 3,y 的值是 5,经过赋值运算后,x 的值是 21,x 的值也就是表达式 x＊＝y＋2 的值,所以表达式 x＊＝y＋2 的值是 21。

复合赋值运算符与赋值运算符具有相同的级别,且都具有右结合性,如 x＋＝x＊＝5 等效于 x＋＝(x＊＝5)。

2. 自加、自减运算符

自加运算符(＋＋)和自减运算符(－－)都是单目运算符,运算对象可以是整型变量或实型变量,但不能是常量和表达式。如 x++、--y 都是合法的 C 语言表达式,但 ++5 和 --(3+x)是非法的 C 语言表达式。自加运算符和自减运算符都是由两个字符组成,两个字符中间不能出现空格。

自加运算符(++)可以作为变量的前缀(如++x),也可以作为变量的后缀(如 x++),但对于变量 x 来说具有相同的效果,都等效于 x = x + 1,即将 x 变量的值自动加 1 后存放在 x 变量对应的存储单元中。

自减运算符(--)可以作为变量的前缀(如--x),也可以作为变量的后缀(如 x--),但对于变量 x 来说具有相同的效果,都等效于 x = x - 1,即将 x 变量的值自动减 1 后存放在 x 变量对应的存储单元中。

自加、自减运算符具有右结合性。

3. 循环语句

编程解决实际问题时,有时需要完成重复性、规律性的操作,这时采用循环结构实现。C 语言提供了 3 种可以实现循环结构的语句,分别是 for 语句、while 语句和 do-while 语句。

(1) for 语句的格式。

for(表达式 1;表达式 2;表达式 3)循环体

(2) for 语句的执行过程。

① 计算表达式 1。

② 计算表达式 2:

若其值非 0,则执行一次循环体,转向步骤③。

若其值为 0,则转向步骤④。

③ 计算表达式 3,转向步骤②。

④ 结束循环。

(3) 关于 for 语句的说明。

① for 是 C 语言的关键字,不能用作用户标识符。

② for 后面圆括号内的表达式可以是任意有效的 C 语言表达式。

③ for 语句中的表达式可以部分或全部省略,若全部省略,则编译系统默认表达式 2 的值非 0,循环将无限执行下去。注意:对于 for 语句来说,无论省略几个表达式,两个分号";"不可省略。

④ 循环体中可以是一条简单语句,也可以是由几个语句构成的复合语句。一般情况下,将重复执行的操作放在循环体中。初学者要特别注意,当需要重复执行的语句不止一条时,必须用一对花括号括起来,以复合语句的形式出现。

⑤ for 语句中的表达式 1 一般用于循环变量赋初值,表达式 2 一般为循环条件,表达式 3 一般用于循环参数调整,因此,for 语句的格式也可以写成:

for(循环初始化;循环条件;循环参数调整)循环体

例 2-13 分析下面程序的运行结果,并指出程序的功能。

```
#include<stdio.h>
void main()
{
    int  i,s=0;
    for(i=1;i<=5;i++)
        s+=i;
    printf("s=%d\n",s);

}
```

for 语句的执行过程：

① 计算表达式 1(i＝1)。

② 计算表达式 2(i＜＝5)：

若其值非 0,则执行一次循环体(s＋＝i;),转向步骤③。

若其值为 0,则转向步骤④。

③ 计算表达式 3(i＋＋),转向步骤②。

④ 结束循环。

程序执行过程中,i,i＜＝5 以及 s 的变化情况如表 2-9 所示。从表 2-9 中可以看出,程序的执行结果是 s＝15。

从程序的执行过程可以看出,s 的初始值为 0,第一次执行 for 语句时,i 的值为 1, 1＜＝5 成立,这时将 1 累加到 s 中;i＋＋调整,i 变成 2,2＜＝5 成立,将 i 的当前值 2 累加到 s 中,以此类推,最终 s 中存储的是 0＋1＋2＋3＋4＋5 的累加和。所以上述程序的功能是"求前 5 个自然数的累加和"。

从上述程序可以看出,变量 s 用于存放累加和,s 也称为累加器,累加器的初始值为 0;变量 i 既是循环控制变量,又是每次累加的数据,i 从 1 开始取数,当 i＜＝5 时,将当前的 i 值累加到 s 变量中,然后 i＋1 得到下一个数据。

表 2-9　程序执行情况

i		1	2	3	4	5	6
i<=5		1(非 0)	1(非 0)	1(非 0)	1(非 0)	1(非 0)	0
s	0	1	3	6	10	15	

仿照上述程序,可以写出求前 100 个自然数累加和程序,代码如下：

```
#include<stdio.h>
void main()
{
    int  i,s=0;
    for(i=1;i<=100;i++)
        s+=i;
    printf("s=%d\n",s);

}
```

其实,只要将表达式 2 中给定的条件(i＜＝5)改成 i＜＝100 即可。

拓展练习

（1）求 $1+3+5+7+\cdots+99=?$

（2）求 $2+4+6+8+\cdots+100=?$

（3）求 $3+6+9+12+\cdots+99=?$

（4）求前 n 个自然数的累加和（其中 n 由键盘输入）。

（5）求 $1\times2\times3\times4\times5=?$

（6）求 $n!$

4. break、continue 语句

（1）break 语句。

break 语句用来终止当前循环语句的执行。一般应用形式为：

```
if(表达式)break;
```

break 语句仅用于循环语句和 switch 语句中。

（2）continue 语句。

continue 语句仅用于循环语句中，用于结束本轮循环。一般应用形式为：

```
if(表达式)continue;
```

对于 for 语句来说，当执行到 continue 语句时，直接转到表达式 3（即参数调整部分）；对于 while 和 do-while 语句来说，当执行到 continue 语句时，直接转到条件判断处。

【任务实施】

```
/**************************************************************************/
/* 程序：zhhr2_4.c                                                       */
/* 功能：一个陌生人找百万富翁谈换钱计划。该计划如下：                        */
/*       我每天给你 10 万元，而你第一天只需给我 1 分钱，第二天给我 2 分钱，第三天给 */
/*       我 4 分钱。也就是说，你每天给我的钱是前一天的 2 倍，直到满 30 天。百万富翁 */
/*       很高兴，欣然接受了这个计划。请编写一个程序，计算 30 天百万富翁给了陌生 */
/*       人多少钱，陌生人给了百万富翁多少钱。                               */
/* 时间：2014-3-19                                                        */
/**************************************************************************/

    #include<stdio.h>
    #include<conio.h>
    void main ()
    {
        /*定义变量*/
        double sTom,mTos,today;
        int day;

        /*计算陌生人给百万富翁的钱*/
        sTom=100000*30;
```

```
/*计算百万富翁给陌生人的钱*/
mTos=0;
today=0.005;
for(day=1;day<=30;day++)
{
    today*=2;
    mTos+=today;
}

/*输出这个月陌生人给百万富翁的钱*/
printf("\n陌生人给了百万富翁%12.2f元钱\n\n",sTom);
/*输出这个月百万富翁给陌生人的钱*/
printf("\n百万富翁给了陌生人%12.2f元钱\n\n",mTos);

getch();
}
```

【分析提升】

1. 变量定义

```
double sTom,mTos,today;
int day;
```

程序中定义了 3 个 double 类型的变量 sTom、mTos、today。其中 sTom 用来存放陌生人给百万富翁的钱，mTos 用来存放百万富翁给陌生人的钱，today 用于存放今天百万富翁给陌生人的钱。

程序中定义了 int 类型变量 day 用来存放天数。

2. 陌生人给百万富翁的钱

```
sTom=100000*30;
```

陌生人每天给百万富翁 10 万元(100000 元)，30 天共给了 30×100000 元。

3. 百万富翁给陌生人的钱

```
mTos=0;
today=0.005;
for(day=1;day<=30;day++)
{
    today*=2;
    mTos+=today;
}
```

根据换钱计划：第一天百万富翁给陌生人 1 分钱，第二天给 2 分钱，第三天给 4 分钱，每天给陌生人的钱是前一天的 2 倍，直到满 30 天。把这 30 天中百万富翁每天给陌生人的钱累加到一起就可以得到百万富翁给陌生人的钱。这种重复累加的过程，在 C 语言中可以借助循环语句实现(这里采用 for 循环实现)。

(1) 用天数 day 控制循环执行的次数。day 从 1 开始取值,每次加 1,直到 day 小于等于 30 为止,这样可以保证累加了 30 天。

(2) today 用来存放百万富翁每天给陌生人的钱,语句 today * =2;用来计算今天百万富翁给陌生人的钱,它正好是前一天的 2 倍。因为第一天百万富翁要给陌生人 1 分钱(即 0.01 元),为了保证第一次执行 today * =2;后 today 得到 0.01 元,需要设置 today 的初始值为 0.005。

(3) mTos 用来存放百万富翁给陌生人的钱。初始情况下 mTos 取值为 0,每天累加上今天要给陌生人的钱(mTos + = today;),这样可计算出到目前为止总共给陌生人的钱。这样,30 天计算下来,就可以得到这个月百万富翁给陌生人的钱。

注意:循环体内的两条语句:today * =2;和 mTos + = today;顺序不能颠倒。因为 today 的初始值设置为 0.005 元,如果颠倒,第一天给陌生人的钱将会是 0.005 元,而不是 0.01 元(即 1 分钱),这与换钱计划不符。

当然,如果将 today 的初始值设置为 0.01 元,则语句 mTos + = today;和 today * =2;必须颠倒过来,即采用以下代码:

```
mTos=0;
today=0.01;
for(day=1;day<=30;day++)
{
    mTos+=today;
    today * =2;
}
```

对于初学者来说,可以通过计算第一天给陌生人的钱确定语句的顺序及 today 的初始值。

4. 输出相关的信息

```
printf("\n 陌生人给了百万富翁%12.2f 元钱\n\n",sTom);  /*输出这个月陌生人给百万富翁
                                                      的钱*/
printf("\n 百万富翁给了陌生人%12.2f 元钱\n\n",mTos);  /*输出这个月百万富翁给陌生人
                                                      的钱*/
```

为了让用户了解输出信息代表的含义,这里增加了必要的提示信息。考虑 sTom 和 mTos 都是 double 类型的变量,在输出时,采用格式字符"%f",其中"12.2"表示小数点后面显示两位小数,数据的输出宽度是 12 位。采用统一的输出格式便于用户作对比。

程序运行后可以得到以下的运行结果:

陌生人给了百万富翁　3000000.00 元钱

百万富翁给了陌生人 10737418.23 元钱

【任务拓展】

按照上述的换钱计划,计算陌生人从第几天起开始赚钱。

```
/*************************************************************/
/* 程序: zhhr2_4_2                                          */
/* 功能: 一个陌生人找一个百万富翁谈换钱计划。该计划如下:       */
/*       我每天给你 10 万元,而你第一天只需给我 1 分钱,第二天给我 2 分钱,第三天 */
/*       给我 4 分钱。也就是说,你每天给我的钱是前一天的 2 倍,直到满 30 天。百万富翁 */
/*       很高兴,欣然接受了这个计划。请编写一个程序,计算陌生人从第几天开始赚钱?   */
/*       百万富翁给了陌生人多少钱,陌生人给了百万富翁多少钱?                       */
/* 时间: 2014-3-26                                          */
/*************************************************************/

    #include <stdio.h>
    #include<conio.h>
    void main ()
    {
        /*定义变量*/
        double sTom,mTos,today;
        int day;

        /*计算陌生人给百万富翁的钱*/
        sTom=0;

        /*计算百万富翁给陌生人的钱*/
        mTos=0;
        today=0.005;
        for(day=1;;day++)
        {
            today*=2;
            mTos+=today;
            sTom+=100000;
            if(mTos>sTom)
                break;
        }

        printf("\n 从第%d 天起,陌生人开始赚钱\n\n",day);
        /*输出这个月陌生人给百万富翁的钱*/
        printf("\n 陌生人给了百万富翁%12.2f 元钱\n\n",sTom);
        /*输出这个月百万富翁给陌生人的钱*/
        printf("\n 百万富翁给了陌生人%12.2f 元钱\n\n",mTos);

        getch();
    }
```

说明:

(1) for 语句中省略了表达式 2,但两个分号不能省。

(2) 程序中借助 break 语句中止 for 循环语句的执行。当百万富翁给陌生人的钱超过陌生人给百万富翁的钱(即陌生人开始赚钱)时,终止 for 循环语句。

程序运行结果如下:

从第 29 天起,陌生人开始赚钱
陌生人给了百万富翁　　2900000.00 元
百万富翁给了陌生人　　5368709.11 元

【拓展知识】

1. while 语句

（1）while 语句的格式。

while(表达式)循环体

（2）while 语句的执行过程。

① 计算表达式:

若其值非 0,则转向步骤②。

若其值为 0,则转向步骤④。

② 执行循环体一次。

③ 转去执行步骤①。

④ 结束 while 循环。

（3）关于 while 语句的说明。

① while 是 C 语言的关键字,不能用作用户标识符。

② while 后面的表达式必须用圆括号括起来。

③ 表达式可以是任意有效的 C 语言表达式。

④ 循环体可以是一条简单的语句,也可以是由若干个语句构成的复合语句。

（4）while 语句与 for 语句间的转换。

任何用 for 语句实现的程序,都可以用 while 语句实现;同样,任何用 while 语句实现的程序,也可以用 for 语句实现。

for(表达式 1;表达式 2;表达式 3)循环体

对应的 while 语句:

```
表达式 1
while(表达式 2)
{
    循环体
    表达式 3
}
```

（5）用 while 语句编写程序,求前 5 个自然数的累加和。

```c
/* 功能:求前 5 个自然数的累加和(while 语句实现) */
#include <stdio.h>
void main()
{
    int i,sum;
    sum=0;
```

```
    i=1;
    while(i<=5)
    {
        sum+=i;
        i++;
    }
    printf("前 5 个自然数的累加和：%d\n",sum);
}
```

2. do-while 语句

（1）do-while 语句的格式。

do　循环体　while(表达式);

（2）do-while 语句的执行过程。

① 执行循环体。

② 计算表达式：

若其值非 0,则转向步骤①。

若其值为 0,则转向步骤③。

③ 结束 do-while 循环。

（3）关于 do-while 语句的说明。

① do、while 都是 C 语言的关键字,不能用作用户标识符。

② while 后面的表达式必须用圆括号括起来。

③ 表达式可以是任意有效的 C 语言表达式。

④ 循环体可以是一条简单的语句,也可以是由若干个语句构成的复合语句。

⑤ do-while 语句以分号结束。

⑥ do-while 语句的循环体至少执行一次。即使第一次表达式的值为 0,循环体也要执行一次。

（4）do-while 语句与 for 语句、while 语句间的转换。

任何用 for 语句和 while 语句实现的程序,用 do-while 语句都可以实现。

① for 语句转换成 do-while 语句。

for(表达式 1;表达式 2;表达式 3)循环体

对应的 while 语句：

```
表达式 1
do
{
    循环体
    表达式 3
}while(表达式 2);
```

② while 语句转换成 do-while 语句。

while(表达式)循环体

对应的 do-while 语句：

```
do  循环体  while(表达式);
```

for 语句和 while 语句都是先判断后循环，但 do-while 语句是先循环后判断。对于 for 语句和 while 语句来说，当表达式一开始就为假时，循环体执行 0 次，所以循环体的执行次数至少为 0 次；但 do-while 语句即使一开始就为假时，循环体也要执行 1 次，所以循环体的执行次数至少为 1 次。当表达式一开始就为真时，for 语句和 do-while 语句、while 语句和 do-while 语句可以按照上述方法进行相互转换。

（5）用 do-while 语句编写程序，求前 5 个自然数的累加和。

```
/* 功能：求前 5 个自然数的累加和(do-while 语句实现) */
#include <stdio.h>
void main()
{
    int i,sum;
    sum=0;
    i=1;
    do
    {
        sum+=i;
        i++;
    }while(i<=5);
    printf("前 5 个自然数的累加和：%d\n",sum);
}
```

3. 循环的嵌套

在一个循环体内又完整包含另一个循环时，称为循环的嵌套。

例如，编写程序打印由星号组成的三角形：

```
      *
    * * *
  * * * * *
* * * * * * *
```

分析：每行的特点及规律具体如表 2-10 所示。

表 2-10 每行的特点及规律

行号	空格个数	星号(*)个数	换行符
1	3	1	1
2	2	3	1
3	1	5	1
4	0	7	1
i	$4-i$	$2i-1$	1

从上述分析可以看出，整个图形有 4 行，每行先显示空格，再显示星号，最后显示换行符。而且每行的空格和星号有规律地变化，对第 i 行来说，空格个数为 $4-i$，星号个数为

$2i-1$,具体实现程序如下:

```c
#include <stdio.h>
void main()
{
    int i,k;
    for(i=1;i<=4;i++)
    {
        for(k=1;k<=4-i;k++)
            printf(" ");
        for(k=1;k<=2*i-1;k++)
            printf("*");
        printf("\n");
    }
}
```

上述程序中,for 语句内部又包含完整的 for 语句,从而构成循环语句嵌套。外层循环控制行数,内层的两个 for 循环分别控制空格数和星号个数。

【自我检测】

1. 设有定义:

```c
int k=0;
```

以下选项的 4 个表达式中与其他 3 个表达式的值不同的是(　　　)。
   A. ++k　　　　　B. k+=1　　　　　C. k++　　　　　D. k+1

2. 有以下程序:

```c
#include <stdio.h>
void main()
{
    int a=3;
    a+=a-=a*a;
    printf("%d\n",a);
}
```

程序的输出结果是(　　　)。
   A. 0　　　　　　B. 9　　　　　　C. 3　　　　　　D. −12

3. 有以下程序:

```c
#include <stdio.h>
void main()
{
    int x,y,z;
    x=y=1;
    z=x++,y++,++y;
    printf("%d,%d,%d\n",x,y,z);
}
```

程序的输出结果是(   )。

    A. 2,3,3   B. 2,3,2   C. 2,3,1   D. 2,2,1

4. 有以下程序：

```c
#include <stdio.h>
void main()
{
    int sum,pad,pAd;
    sum=pad=5;
    pAd=++sum;pAd++,++pad;
    printf("%d\n",pad);
}
```

程序的输出结果是(   )。

    A. 5   B. 6   C. 7   D. 8

5. 以下程序段中的变量已正确定义：

```c
for(i=0;i<4;i++,++i)
    for(k=1;k<3;k++); printf(" * ");
```

程序段的输出结果是(   )。

    A. **   B. ****   C. *   D. ********

6. 若变量已正确定义：

```c
for (x=0,y=0; (y!=123) && (x<4); x++);
```

则以上 for 循环(   )。

    A. 执行 3 次   B. 执行 4 次   C. 执行 123 次   D. 执行次数不定

7. 有以下程序：

```c
#include <stdio.h>
void main()
{
    int i,data;
    scanf("%d",&data);
    for(i=0;i<5;i++)
    {
        if(i>data) break;
        printf("%d,",i);
    }
    printf("\n");
}
```

程序运行时，从键盘输入 3，按回车键后，程序输出结果为(   )。

    A. 0,1,2,3,   B. 0,1,   C. 3,4,5,   D. 3,4,

8. 有以下程序：

```c
#include <stdio.h>
```

```
void main()
{
    int i;
    for(i=1;i<=5;i++)
    {
        if(i%2) printf("*");
        else continue;
        printf("#");
    }
    printf("$ \n");
}
```

程序运行后的输出结果是(　　　)。

A. ＊＃＊＃＊＃$ 　　　　　　B. ＊＃＊＃＊$

C. ＊＃＊＃$ 　　　　　　　　D. ＊＃＊＃＊＃＊$

9. 以下叙述中,正确的是(　　　)。

A. continue 语句使整个循环终止

B. break 语句不能用于提前结束 for 语句的本层循环

C. 使用 break 语句可以使流程跳出 switch 语句体

D. 在 for 语句中,continue 与 break 的效果是一样的,可以互换

10. 以下叙述中,正确的是(　　　)。

A. 循环发生嵌套时,最多只能两层

B. for、while、do-while 3 种循环可以互相嵌套

C. 循环嵌套时,如果不进行缩进形式书写代码,则会有编译错误

D. for 语句圆括号中的表达式不能都省略

单 元 小 结

本单元的重点是掌握基本数据类型常量的表示方法、变量定义和使用,理解基本运算符与表达式以及运算符的优先级和结合性,掌握整型、实型和字符型数据的输入输出,掌握选择结构和循环结构的程序设计。本单元是全书的重点,也是学习 C 语言程序设计的基础。

具体要点如下。

1. 整型数据

(1) 常量

32、032、0X32

(2) 变量

int x, y = 3;

（3）输入

```
scanf("% d", &x );
```

（4）输出

```
printf("% d", y );
```

2. 字符型数据

（1）常量

```
'a''1''\n'
```

（2）变量

```
char  op, isYes='Y';
```

（3）输入

```
scanf("%c", &op);
```

（4）输出

```
printf("%c", isYes);
```

3. 实型数据

（1）常量

32.19(必须含有小数点)、-3.1e5(e前有数字,e后必须是整数)

（2）变量

```
float  x, y=3.5;    double  s2;
```

（3）输入

```
scanf("%f", &x);   scanf("%lf",&s2); (注意：类型不同,字符格式不同)
```

（4）输出

```
printf("%f", x);   printf("%.2f",s2);
```

4. 选择结构

（1）if 语句

```
if(条件)
    语句 1
else
    语句 2
```

条件判断原则：非 0 为真,0 为假。

语句：可以是简单语句,也可以是复合语句。

if 语句嵌套中 else 与 if 配对的原则：else 总是与其前面最近的且尚未配对的 if 配对。

（2）switch 语句

```
switch(表达式)
{
    case 常量表达式 1:语句序列 1
    case 常量表达式 1:语句序列 1
      ⋮
    case 常量表达式 1:语句序列 1
    default:语句序列 n+1
}
```

case 后面必须是整型或字符型常量表达式,不允许出现变量或实型常量。

default 位置可以任意,也可以没有。

break 语句可以根据需要设置。

5. 循环结构

（1）for 语句

```
for(表达式 1;表达式 2;表达式 3)循环体
```

表达式可以省略,但两个分号不可省。

若省略表达式 2,则默认值非 0。

循环体可以是简单语句,也可以是复合语句。

（2）while 语句

```
while(表达式)循环体
```

（3）do-while 语句

```
do 循环体   while(表达式);
```

语句后面的分号不可省。

循环体至少执行一次。

（4）break 语句

break 语句仅用于循环语句和 switch 语句中。

break 语句用来终止当前循环语句或 switch 语句的执行。

（5）continue 语句

continue 语句仅用于循环语句中,用于结束本轮循环。

一般应用形式为：

```
if(表达式)continue;
```

对于 for 语句来说,当执行到 continue 语句时,直接转到表达式 3（即参数调整部分）；对于 while 和 do-while 语句来说,当执行到 continue 语句时,直接转到条件判断处。

单 元 练 习

1. 以下选项中,合法的一组 C 语言数值常量是( )。

    A. 12.　0Xa23　4.5e0　　　　　　B. 028　.5e－3　－0xf

    C. .177　e41.5　0abc　　　　　　D. 0x8A　10,000　3.e5

2. 以下选项中,合法的 C 语言常量是( )。

    A. 1.234　　　　B. 'C++'　　　　C. "\2.0　　　　D. 2Kb

3. 有以下程序:

```
main()
{
    int a=1,b=2,c=3,d=4,r=0
    if(a!=1); else r=1;
    if(b==2)  r+=2;
    if(c!=3); r+=3;
    if(d==4)  r+=4;
    printf("%d\n",r);
}
```

程序输出的结果是( )。

    A. 3　　　　　　B. 7　　　　　　C. 6　　　　　　D. 10

4. 以下选项中,合法的数值常量是( )。

    A. 3.1415　　　B. "A"　　　　　C. 092　　　　　D. 0xDH

5. 有以下程序:

```
#include <stdio.h>
void main()
{
    int x=010,y=10;
    printf("%d,%d\n",++x,y--);
}
```

程序运行后的输出结果是( )。

    A. 9,10　　　　B. 11,10　　　　C. 010,9　　　　D. 10,9

6. 若有定义:double a=22;int i=0,k=18;,则不符合 C 语言规定的赋值语句是( )。

    A. i=(a+k)<=(i+k);　　　　　　B. i=a%11;

    C. a=a++,i++;　　　　　　　　D. i=! a;

7. 若变量 x,y 已正确定义并赋值,以下符合 C 语言语法的表达式是( )。

    A. x+1=y　　　　　　　　　　　B. ++x,y=x－－

    C. x=x+10=x+y　　　　　　　　D. double(x)/10

8. 有以下程序:

```
#include  <stdio.h>
main()
{
    int i,j,m=1;
    for(i=1;i<3;i++)
    {
        for(j=3;j>0;j--)
        {
            if(i*j>3) break;
            m*=i*j;
        }
    }
    printf("m=%d\n",m);
}
```

程序运行后的输出结果为(   )。

A. m=4   B. m=2   C. m=6   D. m=5

9. 有以下程序:

```
#include <stdio.h>
main()
{
    int  a, b;
    for(a=1,b=1; a<=100; a++)
    {
        if(b>=20) break;
        if(b%3==1) {  b=b+3; continue; }
        b=b-5;
    }
    printf("%d\n",a);
}
```

程序运行后的输出结果为(   )。

A. 10   B. 9   C. 8   D. 7

10. 有以下程序:

```
#include <stdio.h>
main()
{
    int  i=1,k=0;
    for(  ;  i<6 ;)
    {
        switch(i%3)
        {
            case 0: k++;
            case 1: k++; break;
            case 2: k++; continue;
        }
        i+=1;
```

```
    }
    printf("%d\n",k);
}
```

程序运行后的输出结果为( )。

    A. 形成无限循环   B. 输出 6

    C. 输出 5   D. 输出 4

11. 有以下程序：

```
#include <stdio.h>
main()
{
    int  y=10;
    while(y--);
    printf("y=%d\n", y);
}
```

程序运行后的输出结果为( )。

    A. y=0   B. y=−1   C. y=1   D. while 构成无限循环

12. 有以下程序：

```
#include <stdio.h>
main()
{
    char  c;
    while((c=getchar()) !='#')
    putchar(c);
}
```

执行时,如输入 abcdefg♯♯按回车键,则输出结果是( )。

    A. abcdefg   B. abcdefg♯   C. abcdefg♯♯   D. ♯♯

13. 关于

```
do 循环体 while (条件表达式);
```

以下叙述中,正确的是( )。

    A. 条件表达式的执行次数总是比循环体的执行次数多一次

    B. 循环体的执行次数总是比条件表达式的执行次数多一次

    C. 条件表达式的执行次数与循环体的执行次数一样

    D. 条件表达式的执行次数与循环体的执行次数无关

14. 有以下程序：

```
#include <stdio.h>
main()
{
    int a=1, b=2;
    for(;a<8;a++)
```

```
    {
        b+=a;
        a+=2;
    }
    printf("%d,%d\n",a,b);
}
```

程序运行后的输出结果为(　　)。

　　A. 9,18　　　　　B. 8,11　　　　　C. 7,11　　　　　D. 10,14

第 3 单元

职业学校技能大赛理论测试软件

全国职业院校技能大赛自 2007 年开始,已成功举办了 8 届。为了能够选拔出更优秀的选手参加全国技能大赛,江苏省在每年 3 月底都要举办全省技能大赛。目前,职业技能大赛已经成为社会上非常有影响力的教育品牌活动。

为了加强参赛选手的理论知识水平,从 2013 年起,江苏省职业学校技能大赛增加了理论测试部分。省校在比赛前,对每个项目都会给出相应的题库。为了方便参赛学生和老师进行复习和模拟测试,设计了这个软件。

学习目标

学员完成本单元的学习任务后,应能够根据实际问题的需要,综合运用各种常用工具软件完成软件功能介绍及各模块的设计;能够运用结构、数组、文件等知识编写程序解决实际问题。

学习任务

任务 1 软件功能介绍
任务 2 登录界面
任务 3 后台管理模块
任务 4 用户管理模块
任务 5 试题管理模块

任务 1 软件功能介绍

学员通过完成本次任务,应能够借助 Excel 软件完成系统功能介绍,并会用工具软件绘制系统功能结构图,用 C 语言编写程序输出软件功能。

【任务描述】

1. 利用 Excel 软件完成职业学校技能大赛理论测试软件功能介绍

具体要求如下:

(1) 创建工作簿。命名为"理论测试软件需求文档(姓名)",如张三创建的文件命名为"理论测试软件需求文档(张三)"。

（2）创建工作表，取名为"软件功能介绍"。

（3）根据样片在 Excel 中完成软件功能介绍，样片如图 3-1 所示。

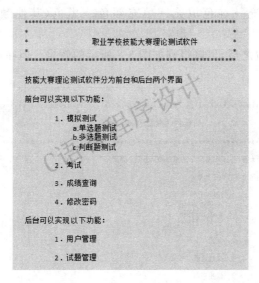

图 3-1 系统功能介绍样片

2. 利用 C 语言编写程序完成上述功能介绍

【任务分析】

1. 利用 Excel 完成软件功能介绍

（1）水印效果。

（2）背景色。

（3）文字颜色。

（4）布局。

2. 利用 C 语言编写程序完成

【任务实施】

1. 利用 Excel 实现软件功能介绍

方案一：

（1）利用单元格合并居中、对齐等功能完成文字整体布局。

（2）设置指定区域的背景颜色：黑色。

（3）设置文字颜色：白色（如果不设置，因为背景和文字都是黑色，这时看不到任何信息）。

（4）实现水印效果。

① 插入文本框。

② 在文本框中输入内容：C语言程序设计。

③ 设置文字颜色为(127,127,127)。

④ 文本框旋转一定的角度。

⑤ 设置文本框填充→纯色填充→填充颜色→黑色(其他颜色也可以)→透明度(100%)。

按照上述方法设置之后,可以得到如图 3-2 所示的效果。但在水印文字出现的地方,上方文字显示不清晰。

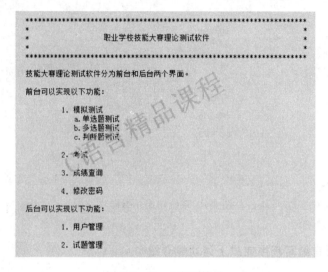

图 3-2　Excel 实现效果

方案二：

(1) 在 Excel 中选定一个矩形区域,设置背景色为黑色。

(2) 插入文本框,在文本框中按照效果图,输入文字进行软件功能介绍(文字颜色：白色;位置：黑色区域内居中)。

(3) 插入文本框,在文本框中输入水印效果"C语言程序设计",旋转一定角度,文字颜色(127,127,127),位于黑色区域中间。

按照上述方法制作出来的效果与样片一致,水印效果明显,且上方的文字不会受到影响。

2. 编写程序输出软件功能

利用 C 语言编程完成软件功能介绍,只需调用 printf 函数即可实现,在格式控制上可以借助转义字符来实现。具体实现代码如下：

```
/***************************************************************************/
/* 程序: zhhr3_1.c                                                        */
/* 功能: 技能大赛理论测试软件功能介绍                                      */
/* 时间: 2014-4-9                                                         */
/***************************************************************************/
```

```
#include <stdio.h>
#include <conio.h>
void main ()
{
    printf("\n\t****************************************************");
    printf("\n\t *                                                  * ");
    printf("\n\t *            职业学校技能大赛理论测试软件            * ");
    printf("\n\t *                                                  * ");
    printf("\n\t****************************************************");

    printf("\n\n\t 技能大赛理论测试软件分为前台和后台两个界面。");
    printf("\n\n\t 前台可以实现以下功能：");
    printf("\n\n\t\t1.模拟测试");
    printf("\n\n\t\t\ta.单选题测试");
    printf("\n\n\t\t\tb.多选题测试");
    printf("\n\n\t\t\tc.判断题测试");
    printf("\n\n\t\t2.考试");
    printf("\n\n\t\t3.成绩查询");
    printf("\n\n\t\t4.修改密码");
    printf("\n\n\t 后台可以实现以下功能：");
    printf("\n\n\t\t1.用户管理");
    printf("\n\n\t\t2.试题管理\n\n");
    getch();
}
```

程序执行后的运行效果如下：

```
****************************************************
*                                                  *
*            职业学校技能大赛理论测试软件            *
*                                                  *
****************************************************
技能大赛理论测试软件分为前台和后台两个界面。
前台可以实现以下功能：
            1.模拟测试
                a.单选题测试
                b.多选题测试
                c.判断题测试
            2.考试
            3.成绩查询
            4.修改密码
后台可以实现以下功能：
            1.用户管理
            2.试题管理
```

说明：'\t'是 C 语言中的字符常量，代表横向跳格，程序中利用该字符实现了信息的缩进显示，效果比较好。

【自我检测】

1. 以下能正确输出字符 a 的语句是（　　　）。

　　A. printf("%s","a");　　　　　　　B. printf("%s",'a');

　　C. printf("%c","a")　　　　　　　D. printf("%d",'a');

2. 以下叙述中,正确的是(　　　)。

　　A. 转义字符要用双引号括起来,以便与普通的字符常量区分开

　　B. 字符常量在内存中占 2 个字节

　　C. 字符常量需要用单引号括起来

　　D. 字符常量是不能进行关系运算的

任务 2　登 录 界 面

　　学员通过完成本次任务,应能够利用 Excel 软件进行登录界面的设计,学会用 C 语言编写程序完成用户信息的输入、存储,能够进行用户身份的验证,并对登录次数进行相应控制。

【任务描述】

1. 利用 Excel 软件完成职业学校技能大赛理论测试软件登录界面设计

具体要求如下:

(1) 打开工作簿(如张三同学,打开"理论测试软件需求文档(张三)"工作簿)。

(2) 创建工作表,取名为"登录界面"。

(3) 根据样片在 Excel 中完成软件功能介绍,参考样片如图 3-3 所示。

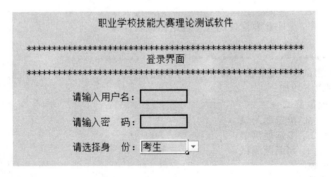

图 3-3　登录界面参考样片

2. 利用 C 语言编写程序完成用户登录

具体要求如下:

　　用户有 3 次登录系统的机会,如果考生的用户名和密码正确,则进入前台界面;如果管理员的用户名和密码正确,则进入后台管理界面;如果 3 次都不正确,则显示出错信息并退出系统。

【任务分析】

1. 利用 Excel 软件完成界面设计

（1）水印效果。

（2）背景色。

（3）文字颜色。

（4）边框。

（5）下拉列表。

2. 利用 C 语言编写程序完成用户登录

登录界面涉及用户名、密码和身份验证，依据从易到难的规律，整个工作任务分成 3 步实施。

步骤 1　设计用户登录界面，并对用户名和密码进行判断，如果用户名和密码正确，则显示"欢迎进入系统"；如果用户名或密码不正确，则显示"您无权进入系统"。

步骤 2　在步骤 1 的基础上，增加用户身份的验证，如果考生的用户名和密码正确，则进入前台界面；如果管理员的用户名和密码正确，则进入后台管理界面。

步骤 3　在步骤 2 的基础上进行完善，用户有 3 次登录机会，如果 3 次都不正确，则显示出错信息并退出系统。

【相关知识】

1. 字符串常量

字符串常量是由双引号括起来的字符序列，如"admin"、"a"、"5"都是合法的字符串常量。一个字符串中所包含的字符个数称为字符串长度。

注意：转义字符只当作一个字符。如字符串"I\'m a student"的长度是 13（而不是 14），其中\'是转义字符，代表单引号一个字符。

在 C 语言中，系统在每个字符串末尾自动加入一个字符'\0'（ASCII 码为 0 的字符）作为字符串的结束标志。因此，字符串"admin"的长度是 5，但实际上占用 6 个字节的存储空间。具体存储形式如图 3-4 所示。

97	100	109	105	110	0

图 3-4　字符串"admin"存储示意图

其中，前 5 个字节分别存储的是字符'a'、'd'、'm'、'i'、'n'的 ASCII 码，最后一个字节存储的是字符串的结束标志'\0'的 ASCII 码 0。

注意：'a'和"a"不同，'a'是字符型常量，占用 1 个字节；而"a"是字符串常量，占用 2 个字节。

2. 字符数组定义、初始化

C 语言中并没有提供字符串变量，对字符串的存储可以通过字符数组来实现。

数组是可以通过下标访问的同类型数据元素组成的有限集合,元素的个数称为数组的长度。数组的类型也就是数组中每个元素的类型。当数组类型是字符型时,称为字符数组。

一维字符数组的定义格式如下:

char　数组名[元素个数];

例如:

char str[20];

字符数组 str 的长度是 20,表示最多可以存储 20 个字符。但当使用它存储字符串时,因为每个字符串末尾自动存储一个结束标志,所以字符串的长度最多是 19。

例 3-1　定义一个字符数组用于存储密码,且规定密码最多包含 6 个字符。

分析:考虑到密码最多包含 6 个字符,而每个字符串的末尾系统自动加上一个结束标志,所以,用于存储密码的字符数组长度至少是 7。具体定义如下:

char pwd[7];

可以直接用字符串常量给一维字符数组赋初值:

char pwd[7]="admin";

也可以通过为每个元素赋值的方式给一维字符数组赋初值。如上述的定义也可以写成:

char pwd[7]={'a','d','m','i','n','\0'};

3. 一维字符数组元素的引用

数组元素可以通过下标来访问。下标是一个无符号整数,用于记录元素在数组中的存储位置。C 语言规定,下标从 0 开始。

数组元素的访问形式如下:

数组名[下标]

如要访问上述 pwd 数组中的第 3 个元素,可以通过 pwd[2]实现。

4. 字符串输入、输出

1) 字符串的输入

(1) 用 scanf 函数进行字符串的输入。

字符串的输入可以通过 scanf 函数实现,但格式说明符是%s。例如:

char str[20];
scanf("% s",str);

利用 scanf 进行字符串输入时,str 前不能加取地址操作符 &,初学者特别要注意这一点。

（2）用 gets 函数进行字符串的输入。

C 语言中,还可以通过 gets 函数实现字符串的输入。例如:

```
char str[20];
gets(str);
```

（3）scanf 和 gets 函数的区别。

函数 scanf 和 gets 都可以进行字符串的输入,但两者有区别。gets 函数的功能是从键盘输入一个字符串(字符串中可以包含空格),直到按回车键为止。scanf 函数以空格、Tab 键、回车键作为字符串的结束标志,也就是说,利用 scanf 输入字符串时,字符串中不包含空格。

执行下列语句:

```
char str[20];
scanf("%s",str);
```

当用户输入 I'm a student ⏎(其中⏎代表回车键)后,字符串 str 中的内容如图 3-5 所示。

I	'	m	\0																

图 3-5　字符数组 str 存储结构图(利用 scanf 输入后)

执行下列语句:

```
char str[20];
gets(str);
```

当用户输入 I'm a student ⏎(其中⏎代表回车键)后,字符串 str 中的内容如图 3-6 所示。

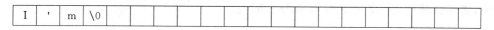

图 3-6　字符数组 str 存储结构图(利用 gets 输入后)

2）字符串的输出

（1）printf 函数进行字符串的输出:

```
printf("%s",str);
```

（2）puts 函数进行字符串输出:

```
puts(str);
```

对于字符串的输入和输出,初学者可以编写程序,通过上机实践,学习相关知识。例如,可以编写以下程序。

```
#include<stdio.h>
#include<conio.h>
#include<string.h>
```

```
void main()
{
    char str[20];
    gets(str);
    printf("%s",str);
    getch();
}
```

执行程序,若输入含有空格的字符串:

I'm a student.

按回车键后,则得到的运行结果:

I'm a student.

从运行结果可以看出,gets 函数输入的字符串中可以包含空格。

5. 字符串处理函数

在 C 语言中,为了方便字符串处理,提供了一系列字符串处理函数。在使用这些函数时,需要加载头文件 #include <string.h>。

1) 字符串长度(strlen)

字符串长度是字符串中实际包含的字符个数,在 C 语言中,可以通过 strlen 函数返回字符串长度。

(1) 调用格式:

strlen(str)

(2) 功能:统计 str 为起始地址的字符串长度并返回。

(3) 样例程序:

```
#include<stdio.h>
#include<conio.h>
#include<string.h>
void main()
{
    int x;
    x=strlen("I\'m a student.");/* 调用 strlen 函数求字符串的长度 */
    printf("该字符串的长度:%d",x);
    getch();
}
```

程序输出结果如下:

该字符串的长度:14

2) 字符串比较(strcmp)

在 C 语言中,不能用比较运算符进行字符串的比较,但可以调用 strcmp 函数进行字符串的比较。

（1）调用格式：

```
strcmp(str1,str2)
```

（2）功能：比较字符串 str1 和字符串 str2，若 str1＞str2，则返回正数（1）；若 str1＜str2，则返回负数（−1）；若 str1 与 str2 相同，则返回 0。

注意：字符串的比较不是字符串长度的比较，而是对应字符的比较。当出现第一对不相同的字符时，由这两个对应字符的 ASCII 码决定字符串的比较结果。

（3）样例程序：

```c
#include<stdio.h>
#include<conio.h>
#include<string.h>
void main()
{
    int x;
    x=strcmp("abEptr","abcd"); /*调用 strcmp 函数进行字符串比较*/
    printf("%d",x);
    getch();
}
```

程序输出结果：

```
-1
```

说明：字符串"abEptr"和"abcd"的前两个字符相同，但第三个字符不同，分别是'E' 和'c'，由于'E' 的 ASCII 码 69 小于'c' 的 ASCII 码 99，所以返回−1。

3）字符串赋值（strcpy）

在 C 语言中，不能用赋值运算符（＝）进行字符串的赋值操作，但可以调用 strcpy 函数进行字符串的赋值。

（1）调用格式：

```
strcpy(str1,str2)
```

（2）功能：将 str2 所指字符串的内容复制到 str1 所指的存储空间中，函数返回 str1 串的首地址。

（3）样例程序：

```c
#include<stdio.h>
#include<conio.h>
#include<string.h>
void main()
{
    char str1[20];
    strcpy(str1,"Hi,baby!"); /*调用 strcpy 函数进行字符串赋值*/
    printf("\n\t 字符串内容：%s",str1);
    getch();
}
```

程序输出结果：

字符串内容：Hi,baby!

4）字符串连接（strcat）

（1）调用格式：

strcat(str1,str2)

（2）功能：将 str1 所指字符串与 str2 所指的字符串首尾相连，形成一个新串，函数返回 str1 串的首地址。

（3）样例程序：

```
#include<stdio.h>
#include<conio.h>
#include<string.h>
void main()
{
    char str1[20]="hello,", str2[10]="baby!";
    strcat(str1,str2);  /*调用 strcat 函数进行字符串连接*/
    printf("\n\t连接后的字符串：%s",str1);
    getch();
}
```

程序运行结果：

连接后的字符串：hello,baby!

执行效果如下。

① char str1[20]="hello,",str2[10]="baby!";定义字符数组 str1 和 str2，并赋初值，执行后 str1 和 str2 字符串的内容分别如图 3-7 和图 3-8 所示。

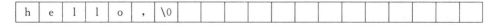

图 3-7　字符数组 str1 存储结构图（字符串连接前）

图 3-8　字符数组 str2 存储结构图

② strcat(str1,str2);该语句将字符串 str1 和 str2 首尾连接在一起组成新串。执行后，str1 字符串的内容如图 3-9 所示。

| h | e | l | l | o | , | b | a | b | y | \0 | | | | | | | | | |

图 3-9　字符数组 str1 存储结构图（字符串连接后）

【任务实施】

步骤 1　设计用户登录界面，并对用户名和密码进行判断，如果用户名和密码正确，

则显示"欢迎进入系统";如果用户名或密码不正
确,则显示"您无权进入系统"。

1) Excel 界面设计

登录界面中需要对用户名和密码进行判断,
为了方便用户使用,增加了提示信息。具体的界
面设计如图 3-10 所示。

其中,用户名和密码后面的矩形框可以通过
选中单元格、设置外边框和边框颜色实现。

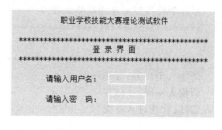

图 3-10　登录界面(一)

2) C 语言代码实现

```
/******************************************************************************/
/* 程序: zhhr3_2_1.c                                                        */
/* 功能: 登录界面(一)                                                        */
/* 时间: 2014-4-16                                                          */
/******************************************************************************/

#include<stdio.h>
#include<conio.h>
#include<string.h>
void main ()
{
    char username[9],pwd[7];

    printf("\n\n\t\t\t 职业学校技能大赛理论测试软件\n");
    printf("\n\t***************************************************");
    printf("\n\t\t\t\t 登录界面");
    printf("\n\t***************************************************");

    printf("\n\n\t\t 请输入用户名: ");
    gets(username);
    printf("\n\t\t 请输入密码: ");
    gets(pwd);

    if(strcmp(username,"admin")==0 && strcmp(pwd,"13579")==0)
    {
        printf("\n\n\t\t 您好,欢迎进入系统!\n");
    }
    else
    {
        printf("\n\n\t\t 警告:用户名或密码错误,您无权进入系统!\n");
    }
    getch();
}
```

程序运行时,如果输入的用户名和密码正确,则显示"您好,欢迎进入系统!"。

职业学校技能大赛理论测试软件

****

登录界面

****

请输入用户名：admin
请输入密码：13579
您好，欢迎进入系统！

程序运行时，如果输入的用户名或密码错误，则显示"警告：用户名或密码错误，您无权进入系统！"。

职业学校技能大赛理论测试软件

****

登录界面

****

请输入用户名：mary
请输入密码：12345
警告：用户名或密码错误，您无权进入系统！

相关说明如下。

(1) 变量定义

```c
char username[9],pwd[7];
```

程序中需要输入用户名和密码，为此定义了变量 username 存储用户名，pwd 存储密码。考虑到用户名和密码都是由字符组成的序列，而 C 语言本身并没有提供存储字符序列的字符串类型，为此，借助字符数组来实现存储。程序中规定用户名最多 8 个字符，密码最多 6 个字符，因此，username 字符数组的长度是 9，pwd 字符数组的长度是 7。

(2) 数据输入

```c
printf("\n\n\t\t 请输入用户名：");
gets(username);
printf("\n\t\t 请输入密码：");
gets(pwd);
```

程序中利用 gets 函数实现用户名和密码的输入。当然，这里也可以借助 scanf 函数输入，代码如下：

```c
printf("\n\n\t\t 请输入用户名：");
scanf("%s",username);
printf("\n\t\t 请输入密码：");
scanf("%s",pwd);
```

这里要特别注意，利用 scanf 函数输入字符串时，格式说明为"%s"。

(3) 判断输出

```c
if(strcmp(username,"admin")==0 && strcmp(pwd,"13579")==0)
{
    printf("\n\n\t\t 您好,欢迎进入系统!\n");
```

```
}
else
{
    printf("\n\n\t\t 警告：用户名或密码错误,您无权进入系统!\n");
}
```

注意：字符串的比较只能通过 strcmp 函数实现,不能用比较运算符＝＝进行两个字符串的比较。

步骤 2　在步骤 1 的基础上,增加用户身份的验证。具体要求如下。

① 用户身份有两种：考生和管理员。

② 如果考生的用户名和密码正确,则进入前台界面。

③ 如果管理员的用户名和密码正确,则进入后台管理界面。

④ 如果用户名或密码不正确,则显示错误提示信息。

1）Excel 界面设计

登录界面中需要对用户身份进行判断,在 Excel 中具体设计效果如图 3-11 所示。

图 3-11　登录界面(二)

考虑用户的身份只有两种可能：考生和管理员。为此在 Excel 中通过下拉列表框实现。具体操作步骤如下。

（1）选中单元格。

（2）执行"数据"→"数据有效性"→"数据有效性"菜单命令,如图 3-12 所示。

图 3-12　执行"数据"→"数据有效性"→"数据有效性"菜单命令

（3）在弹出的"数据有效性"对话框中,选择"设置"选项卡,在"允许"下拉列表框中选择"序列",在"来源"输入框中输入"考生,管理员"。注意,考生和管理员中间必须是英文半角的逗号。具体设置如图 3-13 所示。

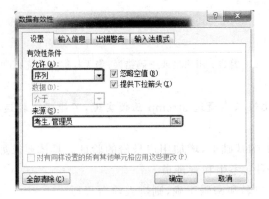

图 3-13　数据有效性设置

2）C 语言代码实现

```
/*************************************************************************/
/* 程序：zhhr3_2_2.c                                                    */
/* 功能：登录界面（二）                                                 */
/* 时间：2014-4-18                                                      */
/*************************************************************************/

#include<stdio.h>
#include<conio.h>
#include<string.h>
void main()
{
    char username[9],pwd[7];
    int flag=0;      /* flag-----身份（0---考生；1---管理员）*/

    printf("\n\n\t\t\t 职业学校技能大赛理论测试软件\n");
    printf("\n\t*********************************************");
    printf("\n\t\t\t\t 登录界面");
    printf("\n\t*********************************************");

    printf("\n\n\t 请输入用户名：");
    scanf("%s",username);
    printf("\n\t 请输入密码：");
    scanf("%s",pwd);
    printf("\n\t 请选择身份：（0---考生；1---管理员）");
    scanf("%d",&flag);

    if(strcmp(username,"admin")==0 && strcmp(pwd,"13579")==0)
    {
        if(flag==0)
        {
            printf("\n\n\t 欢迎进入前台测试界面\n");
        }
        else
```

```
        {
            if(flag==1)
            {
                printf("\n\n\t 欢迎进入后台管理界面\n");
            }
            else
            {
                printf("\n\n\t 您输入的身份信息无效!\n");
            }
        }
    }
    else
    {
        printf("\n\n\t 警告:用户名或密码错误,您无权进入系统!\n");
    }
    getch();
}
```

程序运行时,如果输入的用户名和密码正确,且选择的身份是"考生",则显示"欢迎进入前台测试界面",具体内容如下:

职业学校技能大赛理论测试软件
****
　　　　　　　　　　　　登录界面
****
请输入用户名:admin
请输入密码:13579
请选择身份:(0---考生;1---管理员)0

欢迎进入前台测试界面

程序运行时,如果输入的用户名和密码正确,且选择的身份是"管理员",则显示"欢迎进入后台管理界面",具体内容如下:

职业学校技能大赛理论测试软件
****
　　　　　　　　　　　　登录界面
****
请输入用户名:admin
请输入密码:13579
请选择身份:(0---考生;1---管理员)1

欢迎进入后台管理界面

程序运行时,如果用户名和密码正确,但身份输入错误,则显示"您输入的身份信息无效!",具体内容如下:

职业学校技能大赛理论测试软件
****
　　　　　　　　　　　　登录界面
****

请输入用户名：admin
请输入密码：13579
请选择身份：(0---考生;1---管理员)5

您输入的身份信息无效！

相关说明如下。
(1) 变量定义

```
int flag=0;        /* flag-----身份(0---考生;1---管理员)*/
```

程序中定义了整型变量 flag，用来存储用户身份信息，其中 0 代表考生；1 代表管理员；当然，存储身份的变量也可以定义为字符型数据。

(2) 身份验证

当用户名和密码正确时，对身份进行验证，如果用户输入的是数字 0，则显示"欢迎进入前台测试界面"；如果用户输入的数字是 1，则显示"欢迎进入后台管理界面"；如果用户输入的数字既不是 0 也不是 1，则显示"您输入的身份信息无效！"。

```c
if(strcmp(username,"admin")==0 && strcmp(pwd,"13579")==0)
{
    if(flag==0)
    {
        printf("\n\n\t 欢迎进入前台测试界面\n");
    }
    else
    {
        if(flag==1)
        {
            printf("\n\n\t 欢迎进入后台管理界面\n");
        }
        else
        {
            printf("\n\n\t 您输入的身份信息无效!\n");
        }
    }
}
else
{
    printf("\n\n\t 警告:用户名或密码错误,您无权进入系统!\n");
}
```

这里，通过 if 语句的嵌套，实现了用户身份的验证。

步骤 3   在步骤 2 的基础上进行完善，用户有 3 次登录机会，如果 3 次都不正确，则显示出错信息并退出系统。

C 语言代码实现：

```
/***********************************************************************/
/* 程序: zhhr3_2_3.c                                              */
```

```
/* 功能：登录界面(三)                                                      */
/* 时间：2014-4-23                                                        */
/*************************************************************************/

#include<stdio.h>
#include<conio.h>
#include<string.h>
#include<stdlib.h>
void main ()
{
    char username[9],pwd[7];
    int flag=0;        /* flag-----身份(0---考生;1---管理员) */
    int i;

    for(i=1;i<=3;i++)
    {
        printf("\n\n\t\t\t 职业学校技能大赛理论测试软件 \n");
        printf("\n\t********************************************************");
        printf("\n\t\t\t 登录界面");
        printf("\n\t********************************************************");

        printf("\n\n\t 请输入用户名：");
        scanf("%s",username);
        printf("\n\t 请输入密码：");
        scanf("%s",pwd);
        printf("\n\t 请选择身份：(0---考生;1---管理员)");
        scanf("%d",&flag);

        if(strcmp(username,"admin")==0 && strcmp(pwd,"13579")==0)
        {
            if(flag==0)
            {
                printf("\n\n\t 欢迎进入前台测试界面 \n");
                break;
            }
            else
            {
                if(flag==1)
                {
                    printf("\n\n\t 欢迎进入后台管理界面 \n");
                    break;
                }
                else
                {
                    printf("\n\n\t 您输入的身份信息无效！\n");
                }
            }
        }
        else
```

```
        {
            printf("\n\n\t 警告：用户名或密码错误\n");
        }
        if(i==3)
        {
            printf("\n\n\t 您无权进入系统！\n");
        }
        else
        {
            printf("\n\n\t 按任意键，重新输入\n");
            getch();
            system("cls");
        }
    }
    getch();
}
```

程序运行时，如果用户名或密码输入错误，显示警告信息并提示"按任意键，重新输入"，具体内容如下：

职业学校技能大赛理论测试软件
****
                        登录界面
****
请输入用户名：admin
请输入密码：1378
请选择身份：(0---考生；1---管理员)0

警告：用户名或密码错误

按任意键，重新输入

当用户按任意键时，清屏，显示提示信息，并有光标闪动，等待用户输入，具体如下：

职业学校技能大赛理论测试软件
****
                        登录界面
****
请输入用户名：

相关说明如下。

(1) 3 次登录

程序中利用 for 循环语句实现用户的 3 次登录，如果输入正确，则显示相应的提示信息，并利用 break 语句退出循环；如果输入不正确，则提示"按任意键，重新输入"并清除屏幕信息。

(2) 清屏

在 Windows 操作系统下，可以通过调用 system("cls");实现清屏的功能。这时，屏幕上原有的信息消失。使用该函数，需加载头文件 #include <stdlib.h>。

上述程序虽然可以实现用户的 3 次登录,但当用户输入信息不正确,想提前退出时,却无法实现。为了满足用户的各种需求,可以对上述程序进行改进,程序代码如下:

```
/***************************************************************************/
/*  程序: zhhr3_2_4.c                                                      */
/*  功能: 登录界面(改进)                                                   */
/*  时间: 2014-4-25                                                        */
/***************************************************************************/

#include<stdio.h>
#include<string.h>
#include<stdlib.h>
#include<conio.h>

void main ()
{
    char username[9],pwd[7];
    int flag=0;        /* flag-----身份(0---考生;1---管理员)*/
    int i;
    char isYes='y',isSuccess='N';
    char t; /* t---临时变量,用来接收缓冲区中的字符 */

    for(i=3; ;)
    {
        printf("\n\n\t\t\t 职业学校技能大赛理论测试软件 \n");
        printf("\n\t*****************************************************");
        printf("\n\t\t\t\t 登录界面");
        printf("\n\t*****************************************************");

        printf("\n\n\t 请输入用户名: ");
        scanf("%s",username);
        printf("\n\t 请输入密码: ");
        scanf("%s",pwd);
        printf("\n\t 请选择身份: (0---考生;1---管理员)");
        scanf("%d",&flag);

        if(strcmp(username,"admin")==0 && strcmp(pwd,"13579")==0)
        {
            if(flag==0)
            {
                system("cls");
                printf("\n\n\t 欢迎进入前台测试界面 \n");
                isSuccess='Y';
                break;
            }
            else
            {
                if(flag==1)
```

```
            {
                system("cls");
                printf("\n\n\t 欢迎进入后台管理界面\n");
                isSuccess='Y';
                break;
            }
            else
            {
                printf("\n\n\t 您输入的身份信息无效!\n");
            }
        }
    }
    else
    {
        printf("\n\n\t 警告:用户名或密码错误\n");
    }
    i--;
    if(i>0)
    {
        printf("\n\n\t 您还有%d 次机会,是否重新输入? (Y/N)",i);
        while((t=getchar())!='\n'&&t!=EOF);
        isYes=getchar();
        if(isYes=='Y'||isYes=='y')
            system("cls");
        else
            break;
    }
    else
        break;
}
if(isSuccess!='Y')
{
    system("cls");
    printf("\n\n\n\n\t 信息输入错误,您无权进入系统!\n\n");
}
getch();
}
```

程序运行时,如果用户名或密码输入错误,则显示警告信息,提示还有几次机会,并询问"是否重新输入? (Y/N)",具体内容如下:

职业学校技能大赛理论测试软件
****
                          登录界面
****
请输入用户名:admin
请输入密码:1378
请选择身份:(0---考生;1---管理员)0

警告:用户名或密码错误

您还有 2 次机会,是否重新输入? (Y/N)

当用户输入字母 n 或 N 时,显示"信息输入错误,您无权进入系统!"。

信息输入错误,您无权进入系统!

相关说明如下。

(1) 变量定义

程序中增加了两个字符型变量 isYes 和 isSuccess,变量 isYes 用于记录用户是否重新输入的信息,初始值是 y,表示重新输入;变量 isSuccess 用于记录用户是否已经成功登录,初始值是 N,表示未进行成功登录。程序执行过程中,当用户名和密码正确,并且身份信息也输入无误时,将变量 isSuccess 设置为 Y。程序最后根据 isSuccess 的取值,决定信息的输出。若 isSuccess 的取值不是 Y,则显示"信息输入错误,您无权进入系统!"。

(2) 登录机会

程序中增加了登录机会的提示。为了方便进行登录机会的处理,在 for 循环语句的实现上采用了 i——;的处理方法。i 的初始值为 3,每登录一次 i 自动减 1。由当前值决定剩余的登录机会。

(3) 提前结束登录

对用户名、密码和身份的输入,用户有 3 次机会,但当用户不想重新输入时,可以提前结束。程序执行过程中,当用户还有机会重新输入时,系统首先给出提示信息进行询问"是否重新输入?(Y/N)",若用户回答信息不是 Y 或 y,则表示不想重新输入,即退出程序。

(4) 清空缓冲区

为了能够正确接收用户输入的"是否重新输入的信息",需要首先清空缓冲区。

```
while((t=getchar())!='\n'&&t!=EOF);
```

该代码利用 while 循环,不停地使用 getchar() 获取缓冲区中字符,直到获取的字符是换行符'\n'或者是文件结尾符 EOF 为止。

【拓展知识】

依据元素的排列方式不同,数组可分为一维数组、二维数组等。

1. 一维数组

当数组中每个元素只有一个下标时,这样的数组称为一维数组。

(1) 一维数组的定义形式。

类型数组名 [整型常量表达式] …;

(2) 有关说明。

① 类型:规定数组中每个元素的类型。

② 数组名:必须符合标识符的命名规则(由字母、数字或下划线组成,第一个字符必须是字母或下划线)。

③ 整型常量表达式:其值指明数组中所包含的元素个数。

④ 方括号[ ]是数组的标志,不能换成圆括号或花括号。

例如:

```
int  a[ 10 ];
```

在这里,定义一个整型数组 a,数组中包含 10 个元素,每个元素都是整型的,相当于一个整型变量。

```
double  s[ 8 ];
```

在这里,定义一个实型数组 s,数组中包含 8 个元素,每个元素都是 double 型。

```
char  str[ 20 ];
```

在这里,定义字符数组 str,数组中包含 20 个元素,每个元素都是字符型。

(3) 一维数组的初始化。

在定义数组元素的同时,可以对数组中的各个元素赋初值。

例如:

```
int  t[ 4 ] = { 13, 25, 70, - 9 };
```

在这里,定义整型数组 t,数组中包含 4 个元素,且每个元素的值分别是 13、25、70 和 －9。此处,对数组中的每个元素都赋予初值。这时,数组的长度可以省略,即写成:

```
int  t[ ] = { 13, 25, 70, -9 };
```

如果初始化表中的元素个数小于数组的长度时,数组长度不能省略。

例如:

```
int  b[ 10 ] = { 3, 5, 7, 9 };
```

在这里,定义整型数组 b,数组中包含 10 个元素,其中前 4 个元素的值分别是 3、5、7 和 9,其余的元素默认取 0 值。数组 b 的内容如图 3-14 所示。此处,表示数组长度 10 不能省略。

0	1	2	3	4	5	6	7	8	9
3	5	7	9	0	0	0	0	0	0

图 3-14　数组 b 存储示意图

(4) 一维数组元素的访问。

在 C 语言中,数组不能整体访问,只能通过对每个元素的访问来实现。

数组中每个元素都是通过下标进行访问的。具体的访问形式如下:

```
数组名[ 下标 ]
```

例如,上述定义的数组 s,s[0]、s[2]、s[7]都是合法的 C 语言访问形式,但是 s[8]是非法的,因为数组 s 的长度是 8,有效的下标是 0～7。

(5) 一维数组的访问。

下面以一维整型数组为例,介绍一维数组的输入、输出及元素累加和、平均值的求解方法。

```
#definde   N   20
int   a[N];
```

① 一维数组(除字符数组外)不能整体进行输入、输出,只能通过对每个元素的输入、输出来实现。

a. 一维数组的输入:

```
for(i=0;i<N;i++)
    scanf("%d",&a[i]);
```

b. 一维数组的输出:

```
for(i=0;i<N;i++)
    printf("%d",a[i]);
```

② 一维数组元素的累加和、平均值。

a. 一维数组元素的累加和:

```
int sum;
double aver;
for(i=0;i<N;i++)
    sum+=a[i];
```

b. 一维数组元素的平均值:

```
double aver;
aver=sum/N;
```

这里需要特别注意,存放平均值的变量应该是实型数据。

2. 二维数组

当数组中每个元素带有两个下标时,这样的数组称为二维数组。

(1) 二维数组的定义形式。

类型数组名［整型常量表达式 1］［整型常量表达式 2］…;

(2) 有关说明如下。

① 类型:规定数组中每个元素的类型。

② 数组名:必须符合标识符的命名规则。

③ 整型常量表达式 1:指出二维数组的行数。

④ 整型常量表达式 2:指出二维数组的列数。

⑤ 每个整型常量表达式都必须用方括号[ ]括起来。

例如:

```
int   a[4][3];
```

在这里,定义一个二维数组 a,数组中每个元素都是整型的,数组包含 3 行、4 列,共 12 个元素。

(3) 二维数组元素的访问。

可以通过下标访问二维数组的元素,但与一维数组不同,访问二维数组元素时,需要同时给出行下标和列下标。访问形式如下:

数组名 [行下标][列下标]

例如,对上述定义的二维数组 a,其逻辑结构如图 3-15 所示。

a[0][0]	a[0][1]	a[0][2]
a[1][0]	a[1][1]	a[1][2]
a[2][0]	a[2][1]	a[2][2]
a[3][0]	a[3][1]	a[3][2]

图 3-15   二维数组 a 逻辑结构图

其中,a[0][0]、a[1][2] 都是合法的元素访问方式,但是 a[3][4] 是非法的访问形式,因为二维数组 a 设有 3 行 4 列,最大行下标是 2,最大列下标是 3。

(4) 二维数组的初始化。

在定义二维数组的同时,可以对二维数组的各个元素赋初值。

例如:

```
int a[4][3]={{1,3,5},{2},{3,6,10},{2,1}};
```

在这里,定义二维数组的同时,给二维数组的各个元素赋初值。具体如图 3-16 所示。

a	0	1	2
0	1	3	5
1	2	0	0
2	3	6	10
3	2	1	0

图 3-16   赋初值后数组 a 的内容

需要特别说明:对数组元素进行初始化时,初始值需要用一对花括号括起来。

(5) 二维数组的输入、输出。

二维数组不能整体进行输入、输出,只能通过对每个元素的输入、输出实现。

下面以 double 型二维数组为例,介绍输入、输出的方法。

```
#define  M  3
#define  N  4
double a[M][N];
```

① 二维数组的输入:

```
for(i=0;i<M;i++)
```

```
for(j=0;j<N;j++)
    scanf("%lf",&a[i][j]);
```

说明：由于数组中每个元素的类型是 double，所以格式字符为 lf。

② 二维数组的输出：

```
for(i=0;i<M;i++)
{
    for(j=0;j<N;j++)
        printf("%10.2f ",a[i][j]);
    printf("\n");
}
```

说明：其中的 10.2f 表示以小数点后面两位的形式输出实型数据，数据列宽为 10，当输出的数据列宽小于 10 时，自动在左侧补空格。

【自我检测】

1. 以下正确的字符串常量是(　　)。
   A. "\\\"
   B. 'abc'
   C. Olympic Games
   D. ""

2. 以下叙述中，正确的是(　　)。
   A. 在语句 char str[]="string!";中，数组 str 的大小等于字符串的长度
   B. 语句 char str[10]="string!";和 char str[10]={"string!"};并不等价
   C. 对于一维字符数组，不能使用字符串常量来赋初值
   D. 对于字符串常量"string!"，系统已自动在最后加入'\0'字符，表示串结尾

3. 以下叙述中，正确的是(　　)。
   A. 空字符串不占用内存，其内存空间大小是 0
   B. 两个连续的单引号(' ')是合法的字符常量
   C. 可以对字符串进行关系运算
   D. 两个连续的双引号("")是合法的字符串常量

4. 以下能正确定义字符串的语句是(　　)。
   A. char str="\x43";
   B. char str[]="\0";
   C. char str="";
   D. char str[]={"\064"};

5. 有以下程序：

```
#include <stdio.h>
#include <string.h>
void main()
{
    char s[]="Beijing";
    printf("%d\n",strlen(strcpy(s,"China")));
}
```

程序运行后的输出结果是(　　)。

    A. 5   B. 7   C. 12   D. 14

6. 若有定义语句：

```
char   s[10]="1234567\0\0";
```

则 strlen(s)的值是(   )。

    A. 7   B. 8   C. 9   D. 10

7. 设有以下定义：

```
char   s1[]="0123";
char   s2[]="{'0','1','2','3'};
```

则以下叙述中,正确的是(   )。

    A. 数组 s1 的长度大于 s2 的长度   B. 数组 s1 和 s2 长度相同

    C. 数组 s1 的长度小于 s2 的长度   D. 数组 s1 和 s2 完全等价

8. 以下叙述中,正确的是(   )。

    A. 在语句 char str[ ]="string!";中,数组 str 的大小等于字符串的长度

    B. 语句 char str[10]="string!"; 和 char str[10]={"string!"};并不等价

    C. 对于一维字符数组,不能使用字符串常量来赋初值

    D. 对于字符串常量"string!",系统已自动在最后加入'\0'字符,表示串结尾

9. 以下选项中,没有编译错误的是(   )。

    A. char str3[ ]={'d','e','b','u','g','\0'};

    B. char str1[5]="pass",str2[6];str2=str1;

    C. char name[10];name="china";

    D. char str4[ ]; str4="hello world";

10. 有以下程序：

```c
#include <stdio.h>
void main()
{
    char s[ ]="012xy\08s34f4w2";
    int i,n=0;
    for(i=0;s[i]!=0; i++)
        if(s[i]>='0' &&s[i]<='9') n++;
    printf("%d\n",n);
}
```

程序运行后的输出结果是(   )。

    A. 0   B. 8   C. 3   D. 7

11. 有以下程序：

```c
#include <stdio.h>
void main()
{
    char b[3][10]; int i;
    for(i=0;i<2;i++)
```

```
        scanf("%s",b[i]);
        gets(b[2]);
        printf("%s%s%s\n",b[0],b[1],b[2]);
}
```

执行时若从第一列输入：Fig flower is red. 按回车键后,则程序运行后的输出结果是(　　)。

  A. Figflower is red.   B. Figfloweris red.

  C. Figflowerisred.   D. Fig flower is red.

12. 若要求从键盘读入含有空格字符的字符串,应使用函数(　　)。

  A. getchar() B. getc()   C. gets()   D. scanf()

13. 下列选项中,能够满足"只要字符串 s1 等于字符串 s2,则执行 ST"要求的是(　　)。

  A. if(s1-s2==0) ST;   B. if(s1=s2) ST;

  C. if(strcpy(s1,s2)==1) ST; D. if(strcmp(s2,s1)==0) ST;

14. 设有定义:

```
char str[]="Hello";
```

则语句

```
printf("%d %d",sizeof(str),strlen(str));
```

的输出结果是(　　)。

  A. 5　5   B. 6　6   C. 6　5   D. 5　6

15. 设以下程序(strcpy 为字符串复制函数,strcat 为字符串连接函数):

```
#include <stdio.h>
#include <string.h>
void main()
{
        char a[10]="abc",b[10]="012",c[10]="xyz";
        strcpy(a+1,b+2);
        puts(strcat(a,c+1));
}
```

程序运行后的输出结果是(　　)。

  A. a12xyz B. bc2yz   C. a2yz   D. 12yz

任务 3　后台管理模块

  学员通过完成本次任务,应能够运用常用工具软件进行后台管理界面的设计,学会用 C 语言编写程序完成后台管理中各模块间的切换,并能够根据实际问题的需要定义相应的函数解决实际问题。

【任务描述】

  (1) 利用 Excel 软件完成职业学校技能大赛理论测试软件后台管理界面设计。

具体要求如下：

① 打开工作簿（如张三同学，打开"理论测试软件需求文档（张三）"工作簿）。

② 创建工作表，取名为"后台管理界面"。

③ 根据样片在 Excel 中完成软件功能介绍，参考样片如图 3-17 所示。

```
*************************************
          后 台 管 理 界 面
*************************************

   主要功能：

   1.用户管理

   2.试题管理


   请选择相应的功能：[      ]
```

图 3-17　后台管理界面

在后台管理界面中，如果输入 1，则进入用户管理模块，如图 3-18 所示。

```
========用户管理模块========

   1.添加用户信息

   2.修改用户信息

   3.查看用户信息

   4.返回

   请选择相应的操作：[      ]
```

图 3-18　用户管理模块

在后台管理界面中，如果输入 2，则进入试题管理模块，如图 3-19 所示。

```
========试题管理模块========

   1.添加单选题

   2.添加多选题

   3.添加判断题

   4.修改单选题

   5.修改多选题

   6.修改判断题

   7.返回

   请选择相应的操作：[      ]
```

图 3-19　试题管理模块

（2）利用 C 语言编写程序完成上述功能介绍。

要求：利用函数实现上述功能。

【任务分析】

（1）利用 Excel 完成后台管理界面设计。

（2）编写函数实现后台管理主界面、用户管理模块及试题管理模块。

（3）借助函数调用实现各模块间切换。

【相关知识】

函数是具有特定功能的程序模块。每个 C 语言程序都由一个或多个函数组成,函数是构成 C 程序的基本单位。C 语言提供了丰富的库函数,这些函数包括输入、输出函数,如 printf 格式化输出函数、scanf 格式化输入函数;包括常用的数学函数,如 sqrt 求平方根函数、fabs 求绝对值函数;包括对字符串进行处理的函数,如 strcpy 字符串复制函数、strcmp 字符串比较函数等。这些函数用户不必自己编写,可以直接调用,但是在使用之前需要借助预处理命令将相应的头文件进行加载。如使用字符串处理函数时需要加载 string.h 头文件、使用数学函数时需要加载 math.h 头文件。

C 语言虽然提供了丰富的库函数,但仍然无法满足不同用户的特殊需要,因此用户还必须根据需要自己编写函数。

1. 函数定义

（1）定义格式。

类型 函数名 (形参表) 函数体

（2）相关说明。

① 类型:指出了函数的返回值类型,默认情况下返回 int,如果程序不需要返回值,可以用 void 说明。

② 函数名:必须符合标识符的命名规则,即以字母或下划线开头,后面可以包括字母、数字或下划线。函数名最好见名知义,如实现数据交换的函数 Swap、求最大值函数 Max、求最小值函数 Min 等。

③ 形参表:由一个或多个形参组成,若包含多个形参,中间需用逗号隔开;每个形参相当于一个变量;每个形参需要单独定义。即使函数没有形参,函数名后面的圆括号也不可以省略。如函数 f 的定义如下:

```
int f(int x,int y)
{
    intt;
    if(x>y)
        t=x-y;
    else
        t=y-x;
    return t;
}
```

其中,函数名 f 后面圆括号中的信息称为形参表,形参表中包含 x、y 两个形参,形参之间用逗号隔开;即使 x 和 y 类型相同,也必须分别定义,不能写成 int x,y。

④ 函数体:在函数定义中,花括号括起来的部分称为函数体。由函数体内的语句实现整个程序的功能。除形参外,函数中用到的其他变量必须在函数体内进行说明。在函数 f 的定义中{return x－y;}称为函数体,函数中用到的变量 t 必须在函数体内进行定义。

⑤ return 语句:函数的值通过 return 语句返回,return 语句的形式如下:

return 表达式;或 return (表达式);

其中,return 语句中的表达式的值也就是函数的值;函数体内可以根据需要出现多处 return 语句;如果函数有返回值,函数体内必须包含 return 语句;函数体内也可以没有 return 语句,这时函数的类型必须是 void 类型。

在函数 f 的定义中,函数的类型是 int,这时在函数体内至少要有一个 return 语句返回函数的值。

⑥ 函数定义不能嵌套,即不允许在一个函数内定义另一个函数。

2. 函数调用

在程序中,通过对函数的调用来执行函数体,实现函数的功能。

(1) 函数调用形式。

函数名(实参表)

(2) 相关说明如下。

① 函数名:调用函数时,函数名必须与所调用的函数名完全一致。

② 实参表:函数调用中出现的参数称为实参。实参的个数必须与所调用函数的形参个数相同,类型一一对应匹配。

③ 函数调用过程。

- 参数传递即为形参分配存储空间,同时将实参的值传递给形参。
- 执行函数体。
- 返回。

④ 函数可以嵌套调用,即在调用一个函数的过程中可以调用另一个函数。

3. 函数说明

在 C 语言中,函数必须先定义后使用;否则必须进行函数说明。函数说明形式如下:

类型函数名(参数类型 1 形参 1,参数类型 2 形参 2,…);

也可以去掉形参,只给出每个形参的类型,形式如下:

类型函数名(参数类型 1,参数类型 2,…);

例如,函数 f 的说明可以写成:

int f(int x,int y);

或

```
int f( int,int );
```

当函数的定义位于函数调用之前,这时可以省略函数说明。

例 3-2　省略函数说明。

```
#include<stdio.h>
#include<conio.h>
#include<string.h>

int f(int x,int y)            /*定义 f 函数*/
{
    int t;
    if(x>y)
        t=x-y;
    else
        t=y-x;
    return t;
}


void main()
{
    printf("%d",f(5,9));   /*调用 f 函数*/
    getch();
}
```

说明:程序中先定义 f 函数,再进行调用,这时可以省略函数说明。

当函数的定义位于函数调用之后,这时必须进行函数说明。函数说明只要位于相应的函数调用之前即可。

例 3-3　必须进行函数说明的情况。

```
#include<stdio.h>
#include<conio.h>
#include<string.h>

int f(int x,int y);           /*函数说明*/

void main()
{
    printf("%d",f(5,9));   /*调用 f 函数*/
    getch();
}

int f(int x,int y)            /*定义 f 函数*/
{
    int t;
    if(x>y)
        t=x-y;
    else
        t=y-x;
```

```
    return t;
}
```

说明：程序先调用函数 f，再进行函数定义，这时必须给出函数说明。一般情况下，函数说明位于所有函数定义之前。

【任务实施】

1. 利用 Excel 完成后台管理界面设计

在进行用户管理模块设计时，当选定单元格并输入"＝＝＝＝＝＝＝＝用户管理模块＝＝＝＝＝＝＝＝"按回车键时，软件提示错误，信息如图 3-20 所示。

图 3-20　Excel 输入公式错误

因为在 Excel 中等号(＝)开始的部分默认是公式，如果不希望它作为公式，可以在输入内容前加上一个英文半角的单引号(注意：一定是英文半角状态)，这时所有的信息作为文本，就不会再报错；或者在输入内容前加上一个空格，这时所有信息作为文本，也不会再报错。

2. 编写函数实现后台管理主界面、用户管理模块及试题管理模块

1) 定义函数 UserManage 实现用户管理

```c
void UserManage()
{
    system("cls");
    printf("\n\n\n\n\t\t");
    printf("========用户管理模块========");
    printf("\n\n\n");

    printf("\t\t1.添加用户信息\n\n");
    printf("\t\t2.修改用户信息\n\n");
    printf("\t\t3.查看用户信息\n\n");
    printf("\t\t4.返回\n\n");
    printf("\t\t请选择相应的功能：\n\n\n");
}
```

2) 定义函数 TestQueManage 实现试题管理

```c
void TestQueManage()
{
    system("cls");
    printf("\n\n\n\n\t\t");
```

```
        printf("========试题管理模块========");
        printf("\n\n\n");

        printf("\t\t 1.添加单选题 \n\n");
        printf("\t\t 2.添加多选题 \n\n");
        printf("\t\t 3.添加判断题 \n\n");
        printf("\t\t 4.修改单选题 \n\n");
        printf("\t\t 5.修改多选题 \n\n");
        printf("\t\t 6.修改判断题 \n\n");
        printf("\t\t 7.返回 \n\n");
        printf("\t\t 请选择相应的功能: \n\n\n");
}
```

3) 定义函数 BackManage 实现后台管理

```
void BackManage()/* 后台管理函数 */
{
    int select;

    printf("\n\n\t***************************************************\n");
    printf("\t\t\t 后台管理界面 \n");
    printf("\t***************************************************\n");

    printf("\n\n\t\t 主要功能: \n\n");
    printf("\t\t1.用户管理 \n\n");
    printf("\t\t2.试题管理 \n\n");

    printf("\t\t 请选择相应的功能: ");
    scanf("%d",&select);

    if(select==1)
        UserManage();/* 调用后台管理函数 BackManage */
    else
        if(select==2)
            TestQueManage();/* 调用后台管理函数 BackManage */
        else
            printf("\n\t\t 选择错误 \n\n");
}
```

4) 主函数中调用函数 BackManage 实现后台管理

```
void main ()
{
    BackManage();/* 调用后台管理函数 BackManage */
    getch();
}
```

程序运行时,首先显示后台管理界面,具体内容如下:

```
***************************************************
                后台管理界面
***************************************************
```

主要功能:

    1. 用户管理

    2. 试题管理

请选择相应的功能:

当用户输入 1 并按回车键时,显示用户管理模块,具体内容如下:

========用户管理模块========

    1. 添加用户信息

    2. 修改用户信息

    3. 查看用户信息

    4. 返回

请选择相应的功能:

当用户输入 2 并按回车键时,显示试题管理模块,具体内容如下:

========试题管理模块========

    1. 添加单选题

    2. 添加多选题

    3. 添加判断题

    4. 修改单选题

    5. 修改多选题

    6. 修改判断题

    7. 返回

请选择相应的功能:

【任务拓展】

(1) 定义函数,实现用户登录界面。

(2) 定义函数,实现前台管理界面。

【自我检测】

1. 以下叙述中,正确的是(　　　)。

    A. 函数名允许用数字开头

    B. 函数调用时,不必区分函数名称的大小写

    C. 调用函数时,函数名必须与被调用的函数名完全一致

    D. 在函数体中只能出现一次 return 语句

2. 以下叙述中,错误的是(　　　)。

    A. C 程序必须由一个或一个以上的函数组成

    B. 函数调用可以作为一个独立的语句存在

    C. 若函数有返回值,必须通过 return 语句返回

    D. 函数形参的值也可以传回给对应的实参

3. 以下叙述中,正确的是(　　　)。

    A. 用户自己定义的函数只能调用库函数

  B. 实用的 C 语言源程序总是由一个或多个函数组成

  C. 不同函数的形式参数不能使用相同名称的标识符

  D. 在 C 语言的函数内部,可以定义局部嵌套函数

4. 函数调用语句 fun((exp1,exp2),(exp3,exp4));含有的实参个数是(　　)。

  A. 1　　　　　 B. 2　　　　 C. 4　　　 D. 5

5. 若要使用 C 数学库中的 sin 函数,需要在源程序的头部加上

```
#include <math.h>
```

关于引用数学库,以下叙述正确的是(　　)。

  A. 将数学库中 sin 函数链接到编译生成的可执行文件中,以便能正确运行

  B. 通过引用 math.h 文件,说明 sin 函数的参数个数和类型,以及函数返回值类型

  C. 将数学库中 sin 函数的源程序插入引用处,以便进行编译链接

  D. 实际上,不引用 math.h 文件也能正确调用 sin 函数

6. 以下能正确表达算式 $\sin(2\pi+30°)$ 的 C 语言表达式是(　　)。

  A. sin(2 * 3.14 * r+3.14 * 30/180.0)

  B. sin(2 * π * r+30)

  C. sin(2 * 3.14 * r+30)

  D. sin(2 * 3.14 * r+3.14 * 30/360.0)

7. 以下关于函数的叙述中,正确的是(　　)。

  A. 函数形参的类型与返回值的类型无关

  B. 函数必须要有形参

  C. 函数必须要有返回值

  D. 函数调用必须传递实参

8. 有以下程序:

```
#include <stdio.h>
int sum(int a,int b)
{
    return a+b-2;
}
void main()
{
    int i;
    for(i=0;i<5;i++)
        printf("%d",sum(i,3));
    printf("\n");
}
```

程序运行后的输出结果是(　　)。

  A. 01234　　　 B. 45678　　　 C. 12345　　 D. 54321

9. 以下叙述中,正确的是(　　)。

A. C 语言函数可以嵌套调用,例如 fun(fun(x))

B. C 语言程序是由过程和函数组成的

C. C 语言函数不可以单独编译

D. C 语言中除了 main 函数,其他函数不可作为单独文件形式存在

10. 有以下程序:

```
#include <stdio.h>
int f(int x);
void main()
{
    int n=1,m;
    m=f(f(f(n))); printf("%d\n",m);
}
int f(int x)
{
    return x * 2;
}
```

程序运行后的输出结果是(   )。

  A. 1   B. 4   C. 8   D. 2

11. 设有以下函数定义:

```
#include <stdio.h>
int fun(int k)
{
    if(k<1) return 0;
    else if(k==1) return 1;
    else return fun(k-1)+1;
}
```

若执行调用语句 n=fun(3);,则函数 fun 总共被调用的次数是(   )。

  A. 2   B. 3   C. 4   D. 5

12. 有以下程序:

```
#include <stdio.h>
int f(int x,int y)
{
    return ((y-x) * x);
}
void main()
{
    int a=3,b=4,c=5,d;
    d=f(f(a,b),f(a,c));
    printf("%d\n",d);
}
```

程序运行后的输出结果是(   )。

  A. 7   B. 10   C. 8   D. 9

13. 有以下程序：

```
#include <stdio.h>
int fun(int x)
{
    int p;
    if(x==0||x==1) return(3);
    p=x-fun(x-2);
    return (p);
}
void main()
{
    printf("%d\n",fun(9));
}
```

程序运行后的输出结果是(　　)。

    A. 4 　　　　　　B. 5 　　　　　　C. 7 　　　　　　D. 9

14. 有以下程序：

```
#include <stdio.h>
void convert(char ch)
{
    if(ch<'D') convert(ch+1);
    printf("%c",ch);
}
void main()
{
    convert('A'); printf("\n");
}
```

程序运行后的输出结果是(　　)。

    A. DCBA 　　　　B. ABCD 　　　　C. A 　　　　　　D. ABCDDCBA

15. 有以下程序：

```
#include <stdio.h>
void f(int x)
{
    if(x>=10)
    {
        printf("%d-",x%10); f(x/10);
    }
    else
        printf("%d",x);
}
void main()
{
    int z=123456;
    f(z);
}
```

程序运行后的输出结果是(　　)。

  A. 6-5-4-3-2-1-   B. 6-5-4-3-2-1

  C. 1-2-3-4-5-6   D. 1-2-3-4-5-6-

任务 4　用户管理模块

  学员通过完成本次任务,应能够熟练运用常用工具软件进行用户管理模块的设计,学会用结构数组存储用户的信息,并能够编写程序完成用户信息的添加、修改和删除。

【任务描述】

(1) 利用 Excel 软件完成职业学校技能大赛理论测试软件用户管理界面设计。

具体要求如下:

① 打开工作簿(如张三同学,打开"理论测试软件需求文档(张三)"工作簿)。

② 创建工作表,取名为"用户管理模块"。

③ 根据样片在 Excel 中完成软件功能介绍,参考样片如图 3-21 所示。

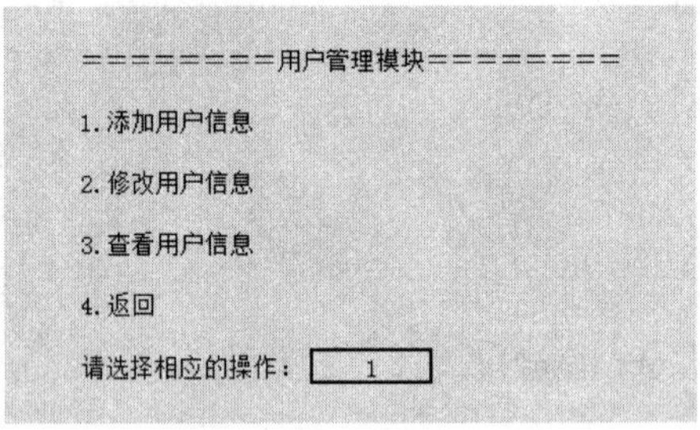

图 3-21　用户管理模块

当用户输入 1 时,进入"添加用户信息"界面,如图 3-22 所示。

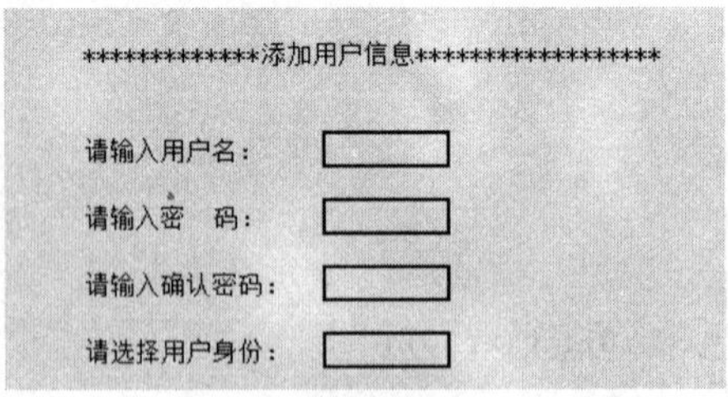

图 3-22　"添加用户信息"界面

当密码和确认密码一致时,则显示"添加成功!",如图 3-23 所示。

图 3-23　添加成功

当密码和确认密码不一致时,则显示"警告:两次密码不一致!",如图 3-24 所示。

警告:两次密码不一致!

您是否重新输入?(Y/N)

图 3-24　添加失败

如果用户输入字符 y 或 Y,进入"添加用户信息"界面,如图 3-22 所示。

如果用户输入字符 n 或 N,则回到"用户管理"主界面,如图 3-21 所示。当用户选择"3.查看用户信息"时,则显示所有用户的信息,如图 3-25 所示。

共有xx个用户,具体的用户信息如下:

用户编号	用户名	密码	身份
1	XX	XX	XX
2	XX	XX	XX
3	XX	XX	XX
4	XX	XX	XX
5	XX	XX	XX
6	XX	XX	XX

图 3-25　查看用户信息

(2)利用 C 语言编写程序完成上述功能介绍。

【任务分析】

1. 利用 Excel 软件完成界面设计

(1)水印效果。

(2)"="输入问题。

(3)背景色。

(4)文字颜色。

(5)边框。

2. 利用 C 语言编写程序完成用户管理

(1)每个用户都是由用户名、密码、身份 3 个成员组成的一个整体,考虑到成员类型不同,采用结构变量存放。

(2)所有用户的信息采用结构数组存放。

【相关知识】

1. 结构

结构是一种用户自定义的类型,通过结构可以将一组相关的信息组合在一起,形成一个新的类型。例如,利用结构可以将描述工人信息的工号、姓名、年龄、工资、性别等信息组合在一起形成一个新的"工人"类型。其中,工号、姓名、年龄、工资和性别称为结构成员。

结构和数组都是由一组元素组成的集合,但不同的是,数组中每个元素的类型都相同,而结构中元素的类型可以不同。例如,上述的工人类型中,工号、姓名是字符数组,年龄是整型,工资是实型,性别是字符型。

2. 结构类型定义

(1) 结构类型定义的一般形式。

```
struct 结构类型名
{
    成员表列
};
```

(2) 相关说明。

① struct 是 C 语言中的关键字,是结构类型的标志。

② "结构类型名"必须符合标识符的命名规则,以字母或下划线开头,后面可以包含字母、数字或下划线,最好见名知义。

③ "成员表列"给出每个成员的定义,每个成员的定义形式与变量相同。

④ 结构类型定义要以分号结尾(初学者要特别注意这一点,许多程序改错题往往在这里设下陷阱)。

```
struct Worker
{
    char code[11];
    char name[9];
    char sex;
    int age;
    float salary;
};
```

其中,Worker 是结构类型名,Worker 中包含 5 个成员:code、name、sex、age 和 salary,分别代表工号、姓名、性别、年龄和工资。

3. 结构变量定义、初始化

1) 结构变量定义

在 C 语言中,可以用 4 种方法定义结构变量。

(1) 先定义结构类型,再定义结构变量。

定义结构类型之后,就可以像使用基本数据类型一样定义相应的变量,但要特别注意struct 不能省。

```
struct Worker
{
    char code[11];
    char name[9];
    char sex;
    int age;
    float salary;
};
```

```
struct Worker w1, w2;
```

这里,先定义结构类型 Worker,然后使用已定义的结构类型定义结构变量 w1、w2。

注意:在定义结构变量时,struct 不能省,若省略,编译器会报出一系列的错误信息,具体如下:

```
error  C2061: syntax  error  : identifier  'w1'
error  C2059: syntax  error  : ';'
error  C2059: syntax  error  : ','
```

当然,有可能还不止这些错误,所以,初学者一定要注意这个细节。

(2) 定义结构类型同时定义结构变量。

```
struct Worker
{
    char code[11];
    char name[9];
    char sex;
    int age;
    float salary;
} w1, w2;
```

在定义结构类型 Worker 的同时,定义结构变量 w1 和 w2。

(3) 定义无名结构的同时定义结构变量。

```
struct
{
    char code[11];
    char name[9];
    char sex;
    int age;
    float salary;
} w1, w2;
```

在这个例子中,struct 关键字后面没有给出结构类型名,这种结构类型称为无名结构类型。一般用在不需要此类型定义结构变量的情况。

(4) 使用 typedef 为结构类型指定一个新的结构类型名,再用这个新类型定义变量。

```
typedef  struct
{
    char code[11];
    char name[9];
    char sex;
    int age;
    float salary;
} Worker;
Worker w1, w2;
```

这里,Worker 是一个具体的结构类型名,可以用它直接定义变量。此时,Worker 前不能加 struct(初学者要特别注意这一点)。

2）结构变量初始化

在定义结构变量的同时，可以进行初始化。结构变量的初始化与数组一样，也是采用花括号括起来的一组数据的形式。例如：

```
Worker w1={"1301002","Mike",'M',30,3900};
```

C编译程序按照每个成员在结构体中的顺序一一对应赋初值。对 w1 变量赋初值后，每个成员的取值情况如图 3-26 所示。

在 C 语言中，也可以只给部分成员赋初值，例如：

```
Worker w2 ={"1301005","Rose"};
```

这时，C 编译程序只给前面两个成员赋初值，具体赋值情况如图 3-27 所示。

w1	
code	1301002
name	Mike
sex	M
age	30
salary	3900

图 3-26　结构变量 w1

w2	
code	1301005
name	Rose
sex	
age	
salary	

图 3-27　结构变量 w2

在 C 语言中，不允许跳过前面的成员给后面的成员赋初值。

4. 结构成员访问

结构成员引用的一般形式为：

结构变量名.成员名

因此，w1.code、w1.name、w1.sex、w1.age 和 w1.salary 都是结构成员的引用。可以使用下列语句对结构变量 w2 赋值：

```
w2.sex='F';
w2.age=26;
w2.salary=3000;
```

5. 结构变量输入、输出

结构变量不能整体进行输入输出，只能通过对每个成员的输入输出来实现。

例 3-4　定义一个结构，用来描述工人，具体地说，该结构共有 5 个成员，分别描述工号、姓名、性别、年龄和工资。

要求：从键盘上输入一个工人的信息，并输出。

```
#include<stdio.h>
#include<conio.h>
#include<string.h>
typedef struct
```

```
    {
        char code[11];
        char name[9];
        char sex;
        int age ;
        float salary;
    }  Worker ;
Worker w1;
void main()
{
    char t;
    printf("\n\n\t\t 请输入工人的工号：");
    scanf("%s", w1.code);
    printf("\n\t\t 请输入工人的姓名：");
    scanf("%s", w1.name);
    while((t=getchar())!='\n');
    printf("\n\t\t 请输入工人的性别(F-女;M-男)：");
    scanf("%c", &w1.sex);
    printf("\n\t\t 请输入工人的年龄：");
    scanf("%d", &w1.age);
    printf("\n\t\t 请输入工人的工资：");
    scanf("%f", &w1.salary);
    printf("\n\n\t\t");
    printf("===================工人信息====================");
    printf("\n\n\t\t");
    printf("%-12s%-12s%-10s%-10s%-12s","工号","姓名","性别","年龄","工资");
    printf("\n\n\t\t");
    printf("%-12s",w1.code);
    printf("%-12s",w1.name);
    if(w1.sex=='F'||w1.sex=='f')
        printf("%-10s","女");
    else
        printf("%-10s","男");
    printf("%-10d",w1.age);
    printf("%-12.2f",w1.salary);
    printf("\n\n");
    getch();
}
```

相关说明如下。

(1) 结构变量的输入。

程序中通过对 5 个成员的输入，实现对结构变量 w1 的输入。代码如下：

```
scanf("%s", w1.code);
scanf("%s", w1.name);
scanf("%c" , &w1.sex);
scanf("%d" , &w1.age);
scanf("%f" , &w1.salary);
```

这里，需特别注意 w1.code 和 w1.name 是字符数组，利用 scanf 输入时前面不需要增加取地址操作符。但 w1.sex、w1.age 和 w1.salary 都是基本类型数据,利用 scanf 输入时需要在前面增加取地址操作符。

(2) 结构变量的输出。

程序中通过对 5 个成员的输出,实现对结构变量 w1 的输出。代码如下:

```c
printf("%-12s",w1.code);
printf("%-12s",w1.name);
if(w1.sex=='F'||w1.sex=='f')
    printf("%-10s","女");
else
    printf("%-10s","男");
printf("%-10d",w1.age);
printf("%-12.2f",w1.salary);
```

为了使输出的数据以统一的格式显示,这里限制了数据的输出宽度,如 w1.code 以 12 个列宽显示输出并采用左对齐的方式。由于性别信息以字符数据形式存储,如果同样以字符形式输出,用户很难了解输出信息的含义,这里,利用 if 语句进行判断显示对应的中文"男"或"女"。

(3) 程序运行结果。

程序运行时,首先提示输入工号,当用户按照提示依次输入工号、姓名、性别、年龄和工资信息后,以二维表格的形式显示工人的信息,具体内容如下:

```
请输入工人的工号:1301001
请输入工人的姓名:刘明
请输入工人的性别(F-女;M-男):M
请输入工人的年龄:23
请输入工人的工资:3500


====================工人信息====================
工号姓名性别年龄工资
1301001     刘明男       23       3500.00
```

说明:横线部分为用户输入的信息。

(4) 关于性别信息的输入问题。

为了避免系统自动接收缓冲区中的信息作为性别信息进行存储,这里采取了清空缓冲区的方法,具体代码如下:

```c
while((t=getchar())!='\n');
```

如果省略这句话,程序运行情况如下:

```
请输入工人的工号:1301001
请输入工人的姓名:刘明
请输入工人的性别(F-女;M-男):
请输入工人的年龄:
```

从程序的运行情况可以看出,当用户输入完工人姓名并按回车键后,自动跳过性别信息的输入,直接显示提示信息"请输入工人的年龄:",并有光标不断闪动等待用户输入。之所以出现这种情况,是因为系统自动将缓冲区中的换行符作为字符存储在"性别"成员中。

6. 结构数组

如果数组中每个元素的类型都是结构类型,这样的数组称为结构数组。例如,要存储 10 个工人的信息,就可以定义结构数组实现。代码如下:

```
typedef struct
{
    char code[11];
    char name[9];
    char sex;
    int age ;
    float salary;
}  Worker ;
Worker warr[10];
```

warr 是结构数组名,数组中包含 10 个元素,每个元素都是 Worker 结构类型。如果将第 5 个工人的年龄设置为 25,则相应的赋值语句为:

```
war[4].age=25;
```

注意:第 5 个工人对应的数组下标为 4。

7. 文件包含

在 C 语言中,以 #include 命令实现文件包含的功能。文件包含就是将一个文件的全部内容插入另一个文件中。

文件包含的一般形式如下:

```
#include<文件名>
```

或

```
#include "文件名"
```

在预编译时,预编译程序用由<文件名>标识的文件的整个内容来替换该命令行。如果文件用尖括号括起来,系统将按标准方式到有关的目录中去查找指定的文件;如果文件用双引号括起来,系统先在源程序所在的目录内查找指定的文件,若找不到,再按标准方式到有关的目录中进行查找。

一般情况下,当指定的文件是由系统预先提供的头文件时,采用尖括号括起文件的形式;当指定的文件是用户自己定义的头文件时,采用双引号括起文件的方式。

【任务实施】

1. 利用 Excel 软件完成界面设计

利用前 3 个任务所学到的设置水印、背景色、文字颜色、边框以及等号的输入方法,可以很容易地进行用户管理界面的设计。

2. 利用 C 语言编写程序完成用户管理

1）建立头文件 user.h

为了方便文件组织和管理，建立 user.h 头文件，专门对用户这个结构类型进行定义，对用户管理模块中的函数进行声明。具体定义如下：

```c
#define N  50
/*定义结构类型 User*/
struct User
{
    char name[9];              /*用户名*/
    char pwd[7];               /*密码*/
    int  status;               /*身份*/
};
struct User   userInfo[N];     /*结构数组,存储所有用户信息*/
int count=0;                   /*记录实际用户个数*/
void UI();                     /*用户管理界面*/
void AddUser();                /*添加用户*/
void ModifyUser();             /*修改用户*/
void DisplayUser();            /*查看用户*/
int FindUser(char name[9]);    /*查找用户*/
void UserManage();             /*用户管理*/
```

相关说明如下。

(1) 文件中首先用预处理命令定义符号常量 N，代表用户最多 50 人。

(2) User 结构类型名。

(3) userInfo 结构数组，最多可能存储 50 个用户。

(4) count 全局变量（定义在所有函数的外部），用来记录实际添加的用户。

(5) UI 函数用来显示用户管理模块的主菜单。

(6) AddUser 函数用来实现用户信息的添加。

(7) ModifyUser 函数用来实现给定用户信息的修改。

(8) DisplayUser 函数用来显示所有的用户信息。

(9) FindUser 函数用来判断指定的用户是否存在，若存在返回 1；否则返回 0。

(10) UserManage 函数用来实现用户管理功能。

2）建立用户管理源程序文件 user.c

在 user.c 文件中，给出了每个函数的具体定义。

(1) 加载头文件 user.h。

为了能够正确使用 user.h 中定义的类型、变量及函数声明，在程序开头需要加载头文件，具体语句如下：

```c
#include "user.h"
```

注意：这里文件名两边只能用双引号。

(2) 定义函数 UI。

函数 UI 用来显示用户管理主界面,具体代码如下:

```
void UI()
{
    system("cls");
    printf("\n\n\n\n\t\t");
    printf("=======用户管理模块=======");
    printf("\n\n\n");
    printf("\t\t\t 1.添加用户信息 \n\n");
    printf("\t\t\t 2.修改用户信息 \n\n");
    printf("\t\t\t 3.查看用户信息 \n\n");
    printf("\t\t\t 4.返回 \n\n");
}
```

（3）定义函数 FindUser。

函数 FindUser 用来判断指定的用户是否存在,即在存放用户信息的结构数组 userInfo 中查找名为 name 的用户,若存在,则返回 1;否则返回 0。

```
int FindUser(char name[9])
{
    int i;
    for(i=0;i<count;i++)
    {
        if(strcmp(userInfo[i].name,name)==0)
            break;
    }
    if(i<count)
        return 1;
    else
        return 0;
}
```

说明:

① 顺序查找。这里对指定用户的查询,采用了顺序查找的方式,即从数组的一端开始(这里从下标为 0 的用户开始),让每个用户与待查找的用户名进行比较,如果相等,则停止查找,并返回 1;如果不相等,则继续查找,直到所有用户都搜索完成,这时,返回 0,表示查找失败,没有找到指定的用户。

② 用户名比较。由于用户名是字符串,这里只能用字符串比较函数 strcmp 进行比较。

（4）定义函数 AddUser。

函数 AddUser 用来实现用户信息的添加功能。在代码编写前,首先厘清添加用户信息的工作流程。具体的工作流程如下:

步骤 1　输入用户名。

步骤 2　输入密码。

步骤 3　输入确认密码。

步骤 4　选择用户身份。

步骤 5　判断给定用户名的用户是否存在,若存在,则显示警告信息"用户已存在!",

转步骤 10;若不存在,则转步骤 6。

步骤 6   判断两次输入的密码是否一致,若不一致,则显示警告信息"您两次输入的密码不一致!",转步骤 10;若两次输入密码一致,则转步骤 7。

步骤 7   判断身份选择是否正确,若不正确,则显示警告信息"身份选择错误!";否则,转步骤 8。

步骤 8   添加用户信息到结构数组 userInfo 中。

步骤 9   实际用户个数+1。

步骤 10   询问是否继续添加用户信息,若回答否,则转步骤 11;否则,转步骤 1。

步骤 11   结束用户信息添加。

添加用户信息的程序代码如下:

```
void AddUser()
{
    char username[9],pwd[7],cpwd[7];
    int   status;
    char t,isYes;
    for(;;)
    {
        system("cls");
        printf("\n\n\n");
        printf("\t\t**********添加用户信息**********\n");
        printf("\n\n\t\t\t 请输入用户名: ");
        scanf("%s",username);
        printf("\n\t\t\t 请输入密码: ");
        scanf("%s",pwd);
        printf("\n\t\t\t 请输入确认密码: ");
        scanf("%s",cpwd);
        printf("\n\t\t\t 请选择身份: (0-考生;1-管理员)");
        scanf("%d",&status);
        /* 调用 FindUser 函数判断用户是否存在 */
        if(FindUser(username)==1)
        {
            printf("\n\n\t\t 警告: 用户已存在!");
        }
        else
        {
            if(strcmp(pwd,cpwd)==0)
            {
                if(status==0||status==1)
                {
                    strcpy(userInfo[count].name,username);
                    strcpy(userInfo[count].pwd,pwd);
                    userInfo[count].status=status;
                        printf("\n\n\t\t 添加成功!");
                    count++;
                }
                else
```

```
                {
                        printf("\n\n\t\t 警告：身份选择错误！");
                }
            }
            else
            {
                printf("\n\n\t\t 对不起,您两次输入的密码不一致！");
            }
        }
        while((t=getchar())!='\n');
            printf("\n\n\t\t 是否继续添加？ (Y/N)");
        isYes=getchar();
        if(isYes=='N'||isYes=='n')
            break;
    }
    printf("\n\n\t\t 按任意键,返回上级目录");
    getch();
}
```

相关说明如下。

① 变量定义。

```
char username[9],pwd[7],cpwd[7];
int  status;
char t,isYes;
```

程序中定义了 3 个字符数组：username、pwd 和 cpwd,其中 username 用来存储从键盘上输入的用户信息；pwd 用来存储密码信息；cpwd 用来存储确认密码信息。

整型变量 status 用来存储身份信息,它只能取 0 和 1 两个值,当然,也可以将其定义成字符类型变量。

字符类型变量 t 用于清空缓冲区时存储临时接收的字符信息；字符类型变量 isYes 用来存储用户回答的是否继续添加的信息。

② for 循环语句。程序中用到 3 个表达式都省略的 for 循环语句,即使 3 个表达式都省略,for 后面圆括号内的两个分号也不能省。之所以省略了 for 循环语句中的 3 个表达式,是因为具体添加多少个用户不确定。程序执行过程中只有当"是否继续添加用户？"回答为否定时,才停止循环语句的执行。

③ 判断用户是否存在。为了保证不出现用户重复注册的现象,在完成相关的信息输入后,首先通过 FindUser 函数在已有的注册用户中进行搜索,若找到,则显示警告信息。代码如下：

```
if(FindUser(username)==1)
{
    printf("\n\n\t\t 警告：用户已存在！");
}
```

④ 两次密码输入。程序中提供了两次密码输入,当第一次输入的密码和第二次输入

的确认密码一致时,才允许进行用户信息的添加,但前提必须是身份信息输入无误。具体代码如下:

```
if(strcmp(pwd,cpwd)==0)
{
    if(status==0||status==1)
    {
        strcpy(userInfo[count].name,username);
        strcpy(userInfo[count].pwd,pwd);
        userInfo[count].status=status;
        printf("\n\n\t\t 添加成功!");
        count++;
    }
    else
    {
        printf("\n\n\t\t 警告:身份选择错误!");
    }
}
else
{
    printf("\n\n\t\t 对不起,您两次输入的密码不一致!");
}
```

⑤ 添加用户信息。程序执行过程中,只有当新注册的用户名不存在,且两次输入密码一致,身份选择也正确的情况下,才允许将输入的用户信息添加到结构数组 userInfo 中。将输入的用户信息添加到结构数组中的代码如下:

```
strcpy(userInfo[count].name,username);
strcpy(userInfo[count].pwd,pwd);
userInfo[count].status=status;
```

新用户信息添加到结构数组中下标为 count 的结构变量中。按照结构变量的访问原则,只能通过对每个成员的访问实现对整个结构变量的访问。程序中通过 3 个语句实现对结构变量的赋值。其中,第一个语句利用字符串复制函数将输入的用户名 username 存储到 name 成员中;第二个语句利用字符串复制函数将输入的密码 pwd 存储到 pwd 成员中;第三个语句利用赋值语句将输入的身份信息存储到 status 成员中。

正确添加一个用户信息之后,让存储实际用户个数的变量 count 自动加 1,以便能够真实反映出目前实际的用户个数。

⑥ 询问是否继续添加:

```
while((t=getchar())!='\n');
printf("\n\n\t\t 是否继续添加? (Y/N)");
isYes=getchar();
if(isYes=='N'||isYes=='n')
    break;
```

程序中首先给出的提示信息,询问"是否继续添加?",然后利用 getchar 函数接收用

户输入的信息,为了保证能够正确接收用户的输入信息,在进行询问之前,先利用 while
循环语句清空缓冲区(这一点很重要)。

(5) 定义函数 DisplayUser。

函数 DisplayUser 用来显示所有的用户信息。

```c
void DisplayUser()
{
    int i;
    system("cls");
    printf("\n\n\n");
    printf("\t\t\t**********查看用户信息**********\n\n");
    if(count==0)
    {
        printf("\n\n\t\t\t\t 目前没有用户信息 \n\n");
    }
    else
    {
        printf("\n\n\t\t 共有%d个用户,具体信息如下: ",count);
        printf("\n\n\t%16s%16s","用户编号","用户名");
        printf("%16s%16s","密码","身份");
        for(i=0;i<count;i++)
        {
            printf("\n\n\t%12d",i+1);            /* 以 12 个列宽显示用户编号 */
            printf("%20s",userInfo[i].name); /* 以 20 个列宽显示用户名 */
            printf("%16s",userInfo[i].pwd);  /* 以 16 个列宽显示密码 */
            if(userInfo[i].status==0)
            {
                printf("%16s","考生");
            }
            else
            {
                printf("%16s","管理员");
            }
        }
    }
    printf("\n\n\t\t 按任意键,返回上级目录");
    getch();
}
```

相关说明如下。

① 实际用户人数。程序中首先对实际用户人数进行了判断,如果人数为 0,则显示
"目前没有用户信息"的提示;否则,按指定的宽度显示用户信息。

```c
if(count==0)
{
    printf("\n\n\t\t\t\t 目前没有用户信息 \n\n");
}
else
```

```
{
    ...
}
```

② 输出宽度。为了使显示的数据整齐美观,在输出数据时设置了显示宽度。

```
printf("\n\n\t%12d",i+1);                    /*以12个列宽显示用户编号*/
printf("%20s",userInfo[i].name);             /*以20个列宽显示用户名*/
printf("%16s",userInfo[i].pwd);              /*以16个列宽显示密码*/
```

③ 考生身份。考生的身份以 0、1 数字形式存储,按照约定 0 代表考生,1 代表管理员,在显示用户信息时,需要将相应的文字显示出来,而不是显示对应的数字。这里利用 if 语句完成身份信息的显示输出。具体代码如下:

```
if(userInfo[i].status==0)
{
    printf("%16s","考生");
}
else
{
    printf("%16s","管理员");
}
```

(6) 定义函数 UserManage。

函数 UserManage 用来实现整个用户管理模块的功能。具体代码如下:

```
void UserManage()
{
    int choice=1;
    for(;;)
    {
        UI();
        printf("\t\t请选择相应的功能: ");
        scanf("%d",&choice);
        if(choice==1)
        {
            AddUser();                       /*添加用户信息*/
        }
        else
            if(choice==2)
            {
                ModifyUser();                /*修改用户信息*/
            }
            else
                if(choice==3)
                {
                    DisplayUser();           /*查看用户信息*/
                }
                else
                    break;                   /*退出用户管理*/
```

```
        }
    }
```

相关说明如下。

① 调用 UI 函数。程序中首先调用 UI 函数显示用户管理模块主菜单,具体内容如下:

```
=======用户管理模块=======
        1. 添加用户信息
        2. 修改用户信息
        3. 查看用户信息
        4. 返回
请选择相应的功能:
```

② 功能模块选择。程序中利用嵌套的 if 语句实现功能模块的选择。用户可以反复进行添加、修改、查看用户的操作,直到选择返回菜单项后才返回到上级菜单。这一操作借助 for 语句实现。当然,功能菜单的选择,也可以利用 switch 语句实现,代码如下:

```
if(choice==1 || choice==2 || choice==3)
{
    switch(choice)
    {
    case1:
        AddUser();                          /* 添加用户信息 */
        break;
    case 2:
        ModifyUser();                       /* 修改用户信息 */
        break;
    case 3:
        DisplayUser();                      /* 查看用户信息 */
        break;
    }
}
else
    break;
```

注意:switch 语句中的 break 语句只是退出当前的 switch 语句,而不能实现退出 for 循环语句的功能,只有 else 后面的 break 语句才能从 for 语句中退出来。break 语句不能用在 switch 和循环语句之外的语句中。当循环语句中又包含 switch 语句时,要特别注意 break 的作用。

(7) 测试函数。

为了测试用户管理模块的使用情况,可以在主函数中调用 UserManage,具体代码如下:

```
void main ()
{
    UserManage();                           /* 调用用户管理模块 UserManage */
```

```
        getch();
    }
```

程序运行结果如下。

程序执行时,首先显示用户管理模块主界面,并有光标闪动,等待用户选择,具体内容如下:

```
========用户管理模块========
        1. 添加用户信息
        2. 修改用户信息
        3. 查看用户信息
        4. 返回
请选择相应的功能:
```

当用户输入 1,并按回车键之后,进入添加用户信息界面,并等待用户输入姓名,具体内容如下:

```
**********添加用户信息**********
请输入用户名:
```

当用户按要求输入用户名、密码、确认密码,并选择了身份之后,系统对上述信息进行核对,如果用户名未注册过,两次输入的密码一致,且身份选择正确,这时显示"添加成功!",并询问"是否继续添加?(Y/N)",如下所示。

```
**********添加用户信息**********
请输入用户名: admin
请输入密码: 12357
请输入确认密码: 12357
请选择身份: (0---考生;1---管理员)1

添加成功!
是否继续添加? (Y/N)
```

当两次输入的密码不一致时,显示"对不起,您两次输入的密码不一致!",并询问"是否继续添加?(Y/N)",具体内容如下:

```
**********添加用户信息**********
请输入用户名: rose
请输入密码: 123
请输入确认密码: 128
请选择身份: (0---考生;1---管理员)0

对不起,您两次输入的密码不一致!
是否继续添加? (Y/N)
```

当输入的用户名已经存在时,显示警告信息,并询问"是否继续添加?(Y/N)",具体内容如下:

```
**********添加用户信息**********
请输入用户名: mary
```

请输入密码：123
请输入确认密码：123
请选择身份：(0-考生；1-管理员)0

警告：用户已存在！
是否继续添加？(Y/N)

当用户按 n 或 N 键时，则显示"按任意键，返回上级目录"，具体内容如下：

按任意键，返回上级目录

当用户按任意键回到主菜单，具体内容如下：

```
========用户管理模块========
     1．添加用户信息
     2．修改用户信息
     3．查看用户信息
     4．返回
请选择相应的功能：3
```

在用户管理主菜单中，当用户输入 3 并按回车键时，显示所有已注册用户的信息，具体内容如下：

```
**********查看用户信息**********
```

共有 4 个用户，具体信息如下：

用户编号	用户名	密码	身份
1	admin	13579	管理员
2	mary	135	考生
3	mike	sqdd	考生
4	rose	1356	考生

按任意键，返回上级目录

【任务拓展】

(1) 完善用户管理模块，实现用户信息修改功能。
(2) 改进用户登录程序，利用结构变量存储用户信息，实现用户登录。

【自我检测】

1. 以下关于 C 语言数据类型使用的叙述中，错误的是（　　）。
   A. 若要处理如"人员信息"等含有不同类型的相关数据，应自定义结构体类型
   B. 若要保存带有多位小数的数据，可使用双精度类型
   C. 若只处理"真"和"假"两种逻辑值，应使用逻辑类型
   D. 整数类型表示的自然灵敏是准确无误差的
2. 以下叙述中，正确的是（　　）。
   A. 结构体类型中各个成分的类型必须是一致的

B. 结构体类型中的成分只能是 C 语言中预先定义的基本数据类型

C. 在定义结构体类型时,编译程序就为它分配了内存空间

D. 一个结构体类型可以由多个称为成员(或域)的成分组成

3. 下面结构体的定义语句中,错误的是(   )。

    A. struct ord {int x; int y; int z;} struct ord a;

    B. struct ord {int x; int y; int z;}; struct ord a;

    C. struct ord {int x; int y; int z;} a;

    D. struct {int x; int y; int z;} a;

4. 以下结构体类型说明和变量定义中,正确的是(   )。

    A. struct   REC

        {int n; char c;};

        REC t1, t2;

    B. typedef struct

        {int n; char c;} REC;

        REC t1, t2;

    C. typedef struct REC

        {int n=0; char c='A';} t1,t2;

    D. struct

        {int n; char c;} REC;

        REC t1, t2;

5. 设有定义:

```
struct {int n;float x;}  s[2],m[2]={{10,2.8},{0,0.0}};
```

则以下赋值语句中,正确的是(   )。

    A. s[0]=m[1]   B. s=m;   C. s.n=m.n   D. s[2].x=m[2].x

6. 以下叙述中,错误的是(   )。

    A. 可以通过 typedef 增加新的类型

    B. 可以用 typedef 将已存在的类型用一个新的名字来代表

    C. 用 typedef 定义新的类型名后,原有类型名仍有效

    D. 用 typedef 可以为各种类型起别名,但不能为变量起别名

7. 若有以下语句:

```
typedef struct S
{int g; char h;} T;
```

以下叙述中,正确的是(   )。

    A. 可用 S 定义结构体变量   B. S 是 struct 类型的变量

    C. 可用 T 定义结构体变量   D. T 是 struct 类型的变量

8. 有以下程序:

```
#include<stdio.h>
typedef struct stu{
    char name[10],gender;
    int score;
} STU;
void f(STU a, STU b)
{
    b=a;
    printf("%s,%c,%d,",b.name,b.gender,b.score);
}
void main()
{
    STU a={"Zhao",'m',290},b={"Qian",'f',350};
    f(a,b);
    printf("%s,%c,%d\n",b.name,b.gender,b.score);
}
```

程序运行后的输出结果是(　　)。

  A. Qian,f,350,Qian,f,350   B. Zhao,m,290,Zhao,m,290

  C. Zhao,m,290,Qian,f,350   D. Zhao,m,290,Zhao,f,350

9. 有以下程序：

```
#include<stdio.h>
#include<string.h>
struct S
{
    char name[10];
};
void main()
{
    struct S s1,s2;
    strcpy(s1.name,"123456");
    strcpy(s2.name,"ABC");
    s1=s2;
    printf("%s\n",s1.name);
}
```

程序运行后的输出结果是(　　)。

  A. ABC   B. ABC45   C. 12345   D. ABC12

10. 设有定义：

```
struct complex
{int real,unreal;} data1={1,8},data2;
```

则以下赋值语句中,错误的是(　　)。

  A. data2＝(2,6)；   B. data2.real＝data1.real；

  C. data2＝data1；   D. data2.unreal＝data1.unreal；

任务 5　试题管理模块

学员通过完成本次任务,应学会借助文件存储试题信息的方法,并能够编写程序实现试题的添加、修改和删除。

【任务描述】

(1) 利用 Excel 软件完成职业学校技能大赛理论测试软件试题管理界面设计。
具体要求如下:
① 打开工作簿(如张三同学,打开"理论测试软件需求文档(张三)"工作簿)。
② 创建工作表,取名为"试题管理模块"。
③ 根据样片在 Excel 中完成软件功能介绍,参考样片如图 3-28 所示。

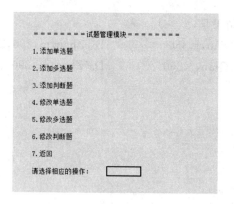

图 3-28　"试题管理模块"界面

当用户输入 1 并按回车键时,进入"添加单选题"界面,如图 3-29 所示。

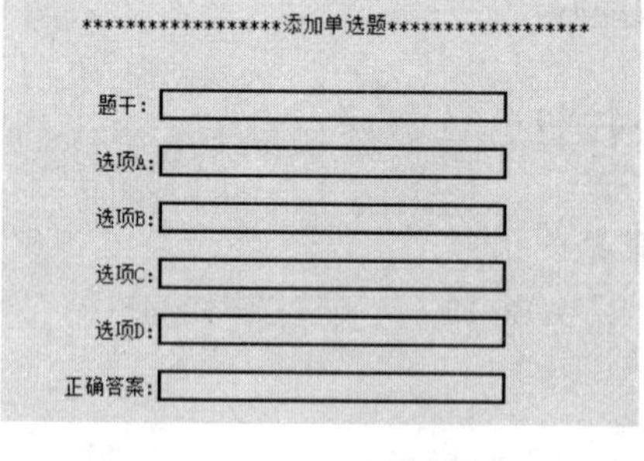

图 3-29　"添加单选题"界面

若题目存在,则显示"警告:题目已存在,添加失败!",如图 3-30 所示。
若题目不存在,则显示"添加成功!",如图 3-31 所示。
当程序提示"是否继续添加?(Y/N)"时,如果用户输入字符 y 或 Y 并按回车键,则进入"添加单选题"界面,如图 3-29 所示。

警告：题目已存在，添加失败！	添加成功！
是否继续添加？（Y/N）　□	是否继续添加？（Y/N）　□

图 3-30　题目存在添加失败 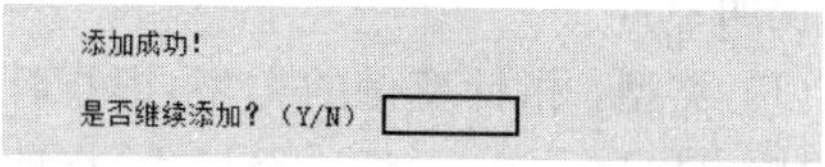　　　　　　图 3-31　题目添加成功

如果用户输入字符 n 或 N 并按回车键，则回到"试题管理模块"界面，如图 3-28 所示。在"试题管理"界面，当用户输入 7 并按回车键时，回到上级界面。

（2）利用 C 语言编写程序完成上述功能介绍。

【任务分析】

1. 利用 Excel 软件完成界面设计

（1）水印效果（参见第 3 单元任务 1）。

（2）"＝"输入问题（参见第 3 单元任务 3）。

（3）背景色（参见第 3 单元任务 1）。

（4）文字颜色（参见第 3 单元任务 1）。

（5）边框（参见第 3 单元任务 2）。

2. 利用 C 语言编写程序完成用户管理

（1）每个选择题存放在结构变量中。

（2）所有选择题存放在结构数组中。

（3）为了能长期保存题目，将所有题目存放在文件中。

【相关知识】

1. 指针

1）指针与变量地址

计算机中的数据存储在内存中。为了方便对内存的管理，以字节为单位将其划分成一个个存储单元。每个字节都有一个编号，这个编号称为内存地址。

在 C 语言程序中，当定义一个变量后，C 编译系统就会自动根据变量的类型为其分配一定字节数的存储单元。例如，若程序中定义一个字符型变量 char ch;，则系统会自动为其分配 1 个字节的存储单元；若程序中定义一个双精度类型的变量 double x;，则系统会自动为其分配 8 个字节的存储单元。

变量与其具体内存地址的联系是由 C 编译系统完成的。用户只需要给出变量名，由编译系统找出对应的内存单元，实现对数据的访问，这种访问也称为"直接访问"。

当然，也可以将变量的地址放在一个变量中存储，这个变量称为"指针变量"。这时，可以先访问指针变量，再通过指针变量访问对应的变量，这种访问也称为"间接访问"。

2）指针变量的定义和初始化

指针变量定义的一般形式为：

类型 ＊指针变量 1,＊指针变量 2,…;

说明：

(1) 类型：指针变量的类型，即指针变量所指数据的类型。

(2) 星号(*)：它是一个标志，标明后面出现的变量是指针变量。

(3) 当同时定义多个指针变量时，每个指针变量名前都需要加一个星号。

例如：

```
int  x, y;        /* 定义 2 个整型变量 */
int * p, * q;     /* 定义 2 个指针变量 */
```

这里，定义两个整型变量 x、y 和两个整型指针变量 p、q，通过对比可以看出，每个指针变量名前都多了一个星号。当然，星号(*)的位置不同，所代表的含义也不同(初学者应特别注意这一点)。此处的星号是指针变量的标志。

p 和 q 是整型变量的指针，今后在 p、q 中可以存储整型变量的地址。

当然，在定义指针变量的同时，也可以对其进行初始化。

例如：

```
int  x = 2;       /* 定义 1 个整型变量 x */
int * px = &x;    /* 定义 1 个指针变量 px */
```

说明：

(1) & 是取地址操作符，&x 表示取变量 x 的地址。

(2) & 取地址操作符只能用于变量，不能用于常量或表达式，如 &100 和 &(x+1) 都是错误的。

这里，定义一个整型变量 x，x 的初始值是 2；同时，定义一个整型指针变量 px，px 中存储的是变量 x 的地址，这时，即 px 是指向 x 的指针。表示方法如图 3-32 所示。

px → [2] x

图 3-32　指针变量 px 与整型变量 x 的关系(1)

注意：指针变量 px 也有对应的存储单元，但是对指针变量来说，更关心的是它所指向的数据，因此，px 对应的存储单元没有表示出来。

3) 指针的基本操作

(1) 间接访问运算(*)。

C 语言提供了一个间接访问运算符，利用它可以取指针变量所指的内容。

例 3-5　指针的间接访问。

```
#include<stdio.h>
#include<conio.h>
void main()
{
    int x=6;                /* 定义一个整型变量 x */
    int * px=&x;            /* 定义一个指针变量 px */
    printf("\n 执行前: x=%d\t px 所指数据: %d\n",x, * px);
```

```
    * px=8;
    printf("\n 执行后：x=%d\t px 所指数据：%d\n",x,* px);
    getch();
}
```

程序中首先定义一个整型变量 x,x 的初始值是 6,接着定义一个整型指针变量 px,
px 中存储的是变量 x 的地址,即 px 是指向 x 的指针。可以用图 3-33 来形象地表示指针
变量 px 与整型变量 x 的关系：

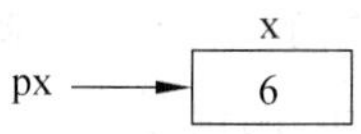

图 3-33　指针变量 px 与整型变量 x 的关系(2)

执行第一个 printf 语句进行数据输出时,x 的值是 6,* px 即 px 所指存储单元的值
也是 6,所以输出的结果是：

执行前：x= 6　　　　px 所指数据：6

语句 * px=8;将 8 存储在 px 所指的存储单元中,执行后如图 3-34 所示。

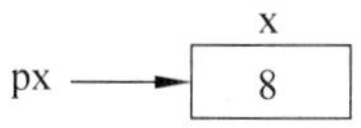

图 3-34　数据 8 存储在 px 所指的存储单元

执行第二个 printf 语句进行数据输出时, * px 即 px 所指存储单元的值是 8,x 的值
也是 8,所以输出的结果是：

执行后：x= 8　　　　px 所指数据：8

通过以上例题可以看出,借助指针变量 px 的间接访问操作,可以改变指针所指存储
单元(x)的值。

(2) 赋值运算(＝)。

C 语言规定：同类型指针可以相互赋值。

例 3-6　指针赋值。

```
#include<stdio.h>
#include<conio.h>
void main()
{
    int   x=2,y=8;
    int * px=&x,* py=&y;
    printf("\n 执行前：");
    printf("px 所指数据：%d\t py 所指数据：%d\n",* px,* py);
    py=px;
    printf("\n 执行后：");
    printf("px 所指数据：%d\t py 所指数据：%d\n",* px,* py);
    getch();
}
```

程序中首先定义了两个整型变量 x 和 y,x 的初始值是 2,y 的初始值是 8;接着定义了两个整型指针变量 px 和 py,px 中存储的是变量 x 的地址,即 px 是指向变量 x 的指针,py 中存储的是变量 y 的地址,即 py 是指向变量 y 的指针,如图 3-35 所示。

执行前,px 指向变量 x,＊px 的值是 2,py 指向变量 y,＊py 的值是 8,所以输出结果是:

执行前:px 所指数据:2   py 所指数据:8

执行语句 py＝px;将 px 中所存储的变量 x 的地址存储在指针变量 py 中,这时 py 也指向变量 x,如图 3-36 所示。因此＊px 的值是 2,＊py 的值也是 2,所以输出结果是:

执行后:px 所指数据:2   py 所指数据:2

实际上,对于同类型的指针变量 px 和 py,当执行语句 py＝px;时,就是让 py 指针指向 px 所指的对象。

图 3-35 执行前   图 3-36 执行后

(3) 加、减运算。

当指针指向一串连续的存储空间时,可以对指针进行加、减运算。

例 3-7 指针加、减运算。

```c
#include<stdio.h>
#include<conio.h>
void main()
{
    int a[6]={8,15,36,57,-12,90};
    int * p=a,* q,x;
    printf("%d,",* p);
    p+=2;
    q=p+3;
    printf("%d,%d,",* p,* q);
    p-=2;
    x=q-p;
    printf("%d,%d\n",x,++ * p);
    getch();
}
```

程序说明如下:

① int a[6]={8,15,36,57,-12,90};

该语句定义了一个长度是 6 的整型数组 a,元素依次是 8、15、36、57、-12 和 90,如图 3-37 所示。

② int * p＝a,* q,x;

该语句定义了两个整型的指针变量 p、q 和一个整型变量 x,如图 3-38 所示。

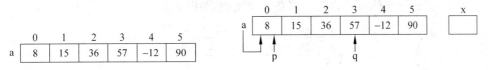

图 3-37　数组 a 中的内容(1)　　　　图 3-38　定义指针变量 p、q 和整型变量 x

C 语言规定:一维数组的数组名实际上是指向第一个元素的指针,且是指针常量,不允许修改。

语句 int＊p＝a;等效于 int＊p;p＝a;。这时,指针变量 p 指向 a 指针所指的对象,即数组 a 的第一个元素。

③ printf("%d,",＊p);

该语句输出了指针变量 p 所指存储单元的值 8。

④ p+＝2;

语句 p+＝2;等效于 p＝p+2;,即让指针 p 指向 p+2 指针所指存储单元,而 p+2 表示向高地址移动两个存储单元,向高地址移动一个存储单元指向 a[1],移动两个存储单元指向 a[2]。因此,执行该语句后,指针变量 p 指向了存储单元 a[2],如图 3-39 所示。

⑤ q＝p+3;

该语句使指针 q 指向了 p+3 所指的存储单元 a[5],如图 3-40 所示。

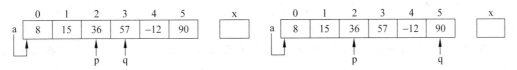

图 3-39　执行语句 p+＝2;后的效果　　　　图 3-40　执行语句 q＝p+3;后的效果

注意:指针 p 指向存储单元 a[2],p+3 表示向高地址移动 3 个单元,指向存储单元 a[5]。

⑥ printf("%d,%d,",＊p,＊q);

该语句输出当前指针 p、q 所指的对象 36、90。

⑦ p-＝2;

语句 p-＝2;等效于 p＝p-2;,即让指针 p 指向 p-2 指针所指存储单元,而 p-2 表示向低地址移动两个存储单元。执行后的效果如图 3-41 所示。

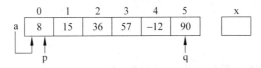

图 3-41　执行语句 p-＝2;后的效果

⑧ x＝q-p;

整型指针 q、p 相减的结果是这两指针之间可以容纳的整型数据的个数。这时,被减数所指的存储空间不算在内。

因此，上述语句执行后将 5 存储在 x 变量中，如图 3-42 所示。

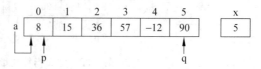

图 3-42　执行语句 x＝q－p;后的效果

⑨ printf("%d,%d\n",x,＋＋*p);

该语句将变量 x 和表达式＋＋*p 的值显示输出。＋＋*p 等效于＋＋(*p)，即将指针 p 所指存储单元的内容加 1，并存回到该单元中，执行后的结果如图 3-43 所示。

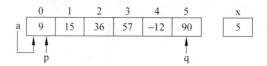

图 3-43　执行＋＋*p;后的效果

从图 3-43 中可以看出，x 的值是 5，表达式＋＋*p 的值也就是目前指针 p 所指存储单元的值 9。

综上所述，可得到程序的运行结果：

8,36,90,5,9

注意：虽然是 3 个输出语句，但因为数据间没有输出换行符，所以所有数据在一行输出。

从上述例题可以看出，当指针变量指向一串连续的存储空间时，可以对指针变量进行加、减一个整数的运算，同类型的两个指针也可以进行相减的运算。当然，对指针变量也可以进行自加和自减的运算。

（4）比较运算。

当两个指针变量指向同一片连续的存储空间时，根据问题需要，这时可以进行两个指针的比较运算。

对指针变量进行间接访问运算，可以访问指针所指向的存储单元，但是对不指向任何数据的空指针来说，这种操作将没有任何意义。因此，需要判断指针是否为空。在 C 语言中空指针用 NULL 表示。判断指针变量 p 是否为空指针可以写成：

```
if(p ==NULL)...
if(! p)...
```

同样，判断指针变量 p 不是空指针可以写成：

```
if(p!=NULL)...
if(p)...
```

4）指针与数组

在 C 语言中定义的一维数组，其数组名实际上是指向第一个元素的指针，该指针变量所存储的地址值是数组第一个元素的地址，即数组所占的一片连续存储空间的地址，这个地址值是不允许改变的。

例如：

```
int a[6]={8,15,36,57,-12,90};
```

定义了一个长度是 6 的整型数组，数组名 a 实际上是指向第一个元素的指针，如图 3-44 所示。

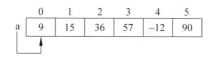

图 3-44　数组 a 中的内容（2）

数组中的第 3 个元素，可以用下标访问 a[2]，也可以用指针访问 *（a+2）。实际上对数组 a 中的任意一个下标为 i 的元素 a[i]，都可以用指针的方式 *（a+i）来表示。

注意：执行语句 a+=3;却是非法的，因为数组名是指针常量，其值不允许更改。

但是可以定义指针 int *p＝a;，这时指针 p 指向数组的第一个元素，与数组名指向同一个存储单元，但 p 不是指针常量，可以执行 p+＝3;语句，对指针 p 进行修改。

5）指针与函数

指针可以作为函数的参数，也可以作为函数的返回值，甚至可以定义指针专门指向函数。

2. 文件

1）文件的概念

以前编写的程序都是从键盘上输入数据，在显示器上输出结果，一旦程序运行结束，数据就会消失，无法长久保存。如果想长久地保存数据，就需要将这些数据保存在外部介质上。这种记录在外部介质上的数据的集合称为"文件"。

根据文件中数据的存储方式不同，可以将文件分为两类：文本文件和二进制文件。文本文件是由字符组成的文件，如果把整型数据 76 以文本文件形式存储，系统会把它转换成 7、6 两个字符的 ASCII 码，并将这些代码存储在文件中。同样是整型数据 76，如果以二进制文件存储，系统会按照数据在计算机内的存储形式直接存储，每个整型数据占 4 个字节进行存放。

2）文件操作

C 语言中对文件的操作是通过文件指针实现的。文件操作的一般步骤如下：

（1）定义文件指针（FILE　*指针变量名）。

（2）打开文件 fopen（文件名，打开方式）。

（3）判断文件打开是否失败，如果文件打开失败，给出提示信息并非正常结束程序。

（4）读写文件。

（5）关闭文件 fclose(文件指针)。

3）文件指针

文件指针是一个指向 FILE 结构类型的指针变量，FILE 是一个在 stdio.h 头文件中定义的一个结构类型，用户不必关心其细节，只需要使用它定义文件指针，对文件进行操作即可。

文件指针定义的一般形式如下：

```
FILE   * 指针变量名;
```

例如：

```
FILE   * fp;              /*定义文件指针 fp */
FILE   * fin, * fout;     /*定义两个文件指针 fin 和 fout */
```

4）打开文件

在进行文件读写前，首先要打开文件。打开文件的目的是建立文件指针与指定文件的关系，今后对文件指针的操作实际上就是对指定文件的操作。

打开文件是通过 fopen 函数实现的。文件打开的一般形式为：

```
文件指针=fopen(文件名,打开方式);
```

说明：

（1）文件指针：FILE 类型的指针变量（先定义、后使用）。

（2）文件名：用双引号括起来。

（3）打开方式：对文件的操作方式不同，打开方式也不同。表 3-1 列出了文本文件的打开方式。

表 3-1　文本文件打开方式

r	为读打开文件(若指定文件不存在,则出错)
w	为写打开文件(若文件不存在,则建立一个新文件;若文件已存在,则从头开始写,文件中原有的内容将全部消失)
a	为在文件后面添加数据而打开文件
r+	为读和写而打开文件(指定的文件已存在,读写都是从头开始)
w+	功能与 w 相同,只是在写操作之后,可以从头开始读
a+	功能与 a 相同,只是在文件尾部添加数据后,可以从头开始读

二进制文件的打开方式与文本文件类型相同，只是相应地增加了一个 b，如为读而打开二进制文件，则打开方式为 rb；如为读写而打开二进制文件，则打开方式为 rb+。

例如：

```
FILE   * fp;                 /*定义文件指针 fp */
fp=fopen("in.dat","r");      /*打开文件 */
```

定义文件指针 fp，调用 fopen 函数以只读方式打开文件 in.dat，并将函数调用结果赋值给 fp，这样就建立了文件指针 fp 和文件 in.dat 的联系，今后对文件指针 fp 的操作，实际上就是对指定文件 in.dat 的操作。

5）关闭文件

文件使用结束后,必须关闭文件。关闭文件的操作是通过调用 fclose 函数实现的。
fclose 函数的一般形式如下:

```
fclose(文件指针);
```

例如:

```
fclose(fp);   /*关闭文件*/
```

6）文件读写

（1）以字符方式读写文件。

以字符方式读写文件,可以通过调用 fgetc 和 fputc 函数实现。

```
char ch;
```

① ch= fgetc(fp);

其中,fp 是文件指针,fgetc 函数的功能是从 fp 指定的文件中读入一个字符,并把它作为
返回值。

② fputc(ch,fp);

将字符 ch 写入文件指针 fp 指定的文件中。

例 3-8　写文件。

要求:从键盘上输入一行字符,以 * 作为结束输入的标志,将这行字符写入文件 out.
dat 中。

```
# include<stdio.h>
# include<stdlib.h>
# include<conio.h>
void main()
{
    char ch;
    FILE * fp;                  /*定义文件指针*/
    fp=fopen("out.dat","w");    /*打开文件*/
    if(fp==NULL)               /*判断文件打开是否失败*/
    {
        printf("\n\n\t 警告:文件打开失败!");
        exit(0);
    }
    while((ch=getchar())!='*')
        fputc(ch,fp);           /*写文件*/
    fclose(fp);                 /*关闭文件*/
    getch();
}
```

说明：

① exit(0);表示程序非正常结束。

② 程序中用到 exit 函数,必须加载头文件 stdlib.h。

上述程序中首先定义一个字符型变量 ch,由它接收用户从键盘上输入的数据。然后按照文件的操作步骤：定义文件指针→打开文件→判断文件打开是否失败,若文件打开失败,给出提示信息,并非正常结束程序→利用 while 语句反复从键盘上读取字符,若读到的字符不是'*',则调用 fputc 函数将其写入文件中→关闭文件。

例 3-9 读文件。

统计 out.dat 中的字符个数并输出。

```c
#include<stdio.h>
#include<stdlib.h>
#include<conio.h>
void main()
{
    char ch;
    int num=0;                      /* 计数器 num 清 0 */
    FILE * fp;                      /* 定义文件指针 fp */
    fp=fopen("fa.dat","r");         /* 打开文件 */
    if(fp==NULL)                    /* 判断文件打开是否失败 */
    {
        printf("\n\n\t 警告：文件打开失败!");
        exit(0);
    }
    ch=fgetc(fp);                   /* 从文件中读取一个字符 */
    while(ch!=EOF)                  /* 当读到的字符不是文件结束标志时 */
    {
        num++;                      /* 计数器+1 */
        ch=fgetc(fp);               /* 从文件中读取一个字符 */
    }
    fclose(fp);                     /* 关闭文件 */
    printf("\n\n\t 文件中包含%d 个字符\n",num);
    getch();
}
```

说明：

① 整型变量 num 用来统计字符个数,是一个计数器,计数器在使用之前必须清 0。

② EOF 是文件结束标志,它是在 stdio.h 头文件中定义的一个符号常量,其值是−1。

③ 以 EOF 为结束标志的文件,必须是文本文件。

(2) 以字符串方式读写文件。

以字符串方式读写文件,可以通过调用 fgets 和 fputs 函数实现。

① fgets 函数的调用形式如下：

```c
fgets(str,n,fp);
```

函数的功能是从文件指针 fp 所指的文件中读入 n−1 个字符,将其存储在以 str 为起始地址的存储空间中,若未读满 n−1 个字符时,读到了换行符或文件结束标志 EOF,则结束本次操作。

② fputs 函数的调用形式如下:

```
fputs(str,fp);
```

函数的功能是将字符串 str 输出到文件指针 fp 所指的文件中。

(3) 以指定格式读写文件。

以指定格式读写文件,可以通过 fscanf 和 fprinf 函数实现。

① fscanf 函数。fscanf 函数的功能是按指定格式从文件中读入数据,其用法与 scanf 相似,只是多了一个文件指针参数而已。例如,已知整型变量 x 已定义,若从键盘上读入一个整数,可以写成:

```
scanf("%d",&x);
```

若从文件指针 fp 所指文件中读入一个整数,可以写成:

```
fscanf(fp,"%d",&x);
```

② fprintf 函数。fprintf 函数的功能是将数据指定格式写入文件中。fprintf 函数的使用方法与 printf 类似。例如,若将整型变量 x 以 5 个列宽显示到屏幕上,可以写成:

```
printf("%5d", x);
```

若将整型变量 x 以 5 个列宽输出到文件指针 fp 所指的文件中,可以写成:

```
fprintf( fp, "%5d", x );
```

例 3-10　从键盘上输入一组数据,以 −1 结束。将这组数据写入 fin. dat 文件中,每个数据占 5 个列宽。

```
#include<stdio.h>
#include<conio.h>
#include<stdlib.h>
void main()
{
    int x;
    FILE * fp;                   /*定义文件指针*/
    fp=fopen("fin.dat","w");     /*打开文件*/
    if(fp==NULL)                 /*判断文件打开是否失败*/
    {
        printf("\n\n\t 警告:文件打开失败!");
        exit(0);
    }
    printf("\n\n\t 请输入一组整数(以-1结束):\n\n\t");
    scanf("%d",&x);              /*从键盘上读入一个整数*/
    while(x!=-1)
    {
        fprintf(fp,"%5d",x);     /*将 x 按指定格式写入文件*/
```

```
        scanf("%d",&x);              /*从键盘上读入一个整数*/
    }
    fclose(fp);                      /*关闭文件*/
    getch();
}
```

程序运行时,首先显示提示信息,当用户输入一组数据并按回车键后,程序结束运行。
具体数据输入如下:

请输入一组整数(以-1结束):
12 34 67 89 120 -1

这时,在应用程序文件夹中可以看到一个名为 fin. dat 的文件,文件内容如图 3-45 所示。

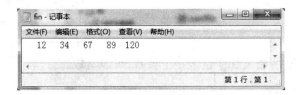

图 3-45   fin. dat 文件内容

【任务实施】

1. 利用 Excel 软件完成界面设计

利用前 3 个任务学到的设置水印、背景色、文字颜色、边框及等号的输入方法,可以很
容易地进行试题管理界面的设计。

2. 利用 C 语言编写程序完成试题管理

在试题管理过程中,建立 4 个文件,即 singlechoice. dat、multichoice. dat、judge. dat
和 ini. dat,分别用于存储单选题、多选题、判断题及初始数。

C 语言编程实现过程中,建立 3 个文件,即 question. h、init. h 和 question. c。下面分
别对每个文件进行详细介绍。

1) 头文件 question. h

在头文件 question. h 中,给出试题管理模块涉及的结构类型的定义以及各函数的声
明,具体定义如下:

```
#define N  100
#define LEN 80
/*定义结构类型 Choice*/
typedef struct
{
    int no;          /*题号*/
    char topic[LEN]; /*题干*/
    char A[LEN];     /*选项 A*/
    char B[LEN];     /*选项 B*/
```

```
        char C[LEN];        /*选项 C*/
        char D[LEN];        /*选项 D*/
        char answer[5];    /*参考答案*/
    } Choice;
    Choice choiceInfo[N];                              /*结构数组,存储选择题信息*/
    void QUI();                                        /*试题管理界面*/
    void AddChoice(char * filename,inttype);           /*添加选择题*/
    void AddJudge();                                   /*添加判断题*/
    void ModifyChoice(char * filename,int type);       /*修改选择题*/
    void ModifyJudge();                                /*修改判断题*/
    /*在指定的文件中查找题目,若找到,返回 1;否则返回 0*/
    int FindTopic_File(char * filename,char topic[LEN],int type);
    /*在本次添加试题中查找题目,若找到,返回 1;否则返回 0*/
    int FindTopic_Array(char topic[LEN],int n);
    void WriteFile(char * filename,int n);             /*文件写入*/
    void QuestionManage();                             /*试题管理*/
```

说明:

(1) 前两行定义两个符号常量,其中 N 代表结构数组的长度,LEN 代表选择题的题干以及各选项最多能够存储的字符个数。

(2) Choice 选择题结构类型,Choice 结构变量可以用来存放单选题、多选题的题干、各选项及参考答案信息。

(3) choiceInfo 结构数组,全局变量,用于存储添加的选择题信息。

(4) QUI 函数用来显示试题管理模块的界面。

(5) AddChoice 函数将用户输入的选择题信息添加到对应的文件中。

(6) AddJudge 函数将用户输入的判断题信息添加到存放判断题的文件中。

(7) ModifyChoice 函数实现选择题信息的修改。

(8) ModifyJudge 函数实现判断题信息的修改。

(9) FindTopic_File 函数在指定的文件中查找题目,若找到返回 1;否则,返回 0。

(10) FindTopic_Array 函数在本次添加的试题中查找题目,若找到返回 1,否则,返回 0。

(11) WriteFile 函数将结构数组 choiceInfo 中所存储的选择题写入对应的文件中。

(12) QuestionManage 函数通过调用各函数实现试题管理功能。

2) 头文件 init.h

试题信息存储在文件中,每次执行添加试题操作时,将题目写入文件末尾。在添加试题过程中,需要给出试题的编号,而这个信息由文件中存储的题目数量决定。在模拟测试和考试过程中,也需要知道各类题目的数量,以便进行试题抽取。为此,将单选题、多选题和判断题数量存储在 ini.dat 文件中。

在文件 init.h 中定义了 QueNum 结构类型,由 QueNum 结构类型变量 tquenum 专门记录单选题、多选题及判断题数量,且 tquenum 是全局变量,借助它可以在各函数间进行数据传递。InitQuestion 函数完成从 ini.dat 文件中读取信息对 tquenum 初始化的工作;WriteInit 函数完成将 tquenum 中存储的试题数量信息写入文件 ini.dat 文件中。具体定义如下:

```
typedef struct
{
    int Single;
    int Multiply;
    int judge;
} QueNum;
QueNum tquenum;
void InitQuestion();                          /*初始化试题信息*/
void WriteInit(int Snum,int Mnum,int Jnum);   /*写入试题数量*/
```

其中,tquenum 成员 Single 用于记录单选题数量;成员 Multiply 用于记录多选题数量;成员 judge 用于记录判断题数量。

InitQuestion 函数的具体定义如下:

```
void InitQuestion() /*初始化试题信息*/
{
    FILE * fp;
    fp=fopen("ini.dat","r");
    if(fp==NULL)
    {
        printf("\n\n\n\t\t");
        printf("警告:不能打开文件\"%s\"用来读\n","ini.dat");
        exit(0);
    }
    fscanf(fp,"%d,%d",&tquenum.Single,&tquenum.Multiply);
    fscanf(fp,",%d",&tquenum.judge);
    fclose(fp);
}
```

说明:在利用 fscanf 函数从文件 ini.dat 中读取各类试题数量时,由于在文件中试题数量之间用逗号隔开,所以在读取时,格式字符之间必须加逗号,即"%d"之间必须加逗号分隔,否则将在程序执行时导致多选题数量 tquenum.Multiply 和判断题数量 tquenum.judge 不正确,从而影响到多选题、判断题的试题编号及实际试题数量。

```
fscanf(fp,"%d,%d",&tquenum.Single,&tquenum.Multiply);
fscanf(fp,",%d",&tquenum.judge);
```

WriteInit 函数的具体定义如下:

```
void WriteInit(int Snum,int Mnum,intJnum)   /*写入试题信息*/
{
    FILE * fp;
    fp=fopen("ini.dat","w");
    if(fp==NULL)
    {
        printf("\n\n\n\t\t");
        printf("警告:不能打开文件\"%s\"用来写\n","ini.dat");
        exit(0);
    }
```

```
        fprintf(fp,"%d,%d,%d\n",Snum,Mnum,Jnum);
        fclose(fp);
}
```

3）文件 question. c

文件 question. c 给出了与试题管理有关的各函数的定义。

（1）加载头文件。

```
#include<stdio.h>
#include<string.h>
#include<stdlib.h>
#include<conio.h>
#include<io.h>
#include"question.h"
#include"init.h"
```

说明：

① 程序中用到了 exit 函数，当文件打开失败后，非正常结束程序运行，为此加载了 stdlib. h 头文件。

② 程序中用到了 getch 函数，加载了 conio. h 头文件；程序中用到了 access 函数，判断指定文件是否存在，加载了 io. h 头文件。

③ 程序中用到了与试题管理有关的类型定义及函数声明，加载了 question. h 头文件。

④ 程序中需要从指定的文件中读取试题数量，并将添加后的试题数量写入文件中，所以加载了 init. h 头文件。

（2）定义函数 QUI。

函数 QUI 用来显示试题管理模块的界面。具体代码如下：

```
void QUI()
{
    system("cls");
    printf("\n\n\n\t\t");
    printf("========试题管理模块========");
    printf("\n\n\n");
    printf("\t\t\t   1.添加单选题\n\n");
    printf("\t\t\t   2.添加多选题\n\n");
    printf("\t\t\t   3.添加判断题\n\n");
    printf("\t\t\t   4.修改单选题\n\n");
    printf("\t\t\t   5.修改多选题\n\n");
    printf("\t\t\t   6.修改判断题\n\n");
    printf("\t\t\t   7.返回\n\n");
}
```

（3）定义函数 FindTopic_File。

为了避免试题与文件中已有的试题重复，编写 FindTopic_File 函数，用来在指定的文件中查找题目，若找到，则返回 1；否则，返回 0。编程思路如下：

步骤1 判断试题类型：如果是单选题,则将单选题数量⇒count;否则,将多选题数量⇒count。

步骤2 以只读方式打开文件。

步骤3 判断文件打开情况：如果文件打开失败,则返回0,表示查找失败;否则,转步骤4。

步骤4 读取文件中的试题。

步骤5 如果题干与添加试题的题干相同,则停止搜索,转步骤6;否则,转步骤4。

步骤6 如果查找成功,返回1;否则,返回0。

具体代码如下：

```c
int FindTopic_File(char * filename,char * topic,int type)
/* 在filename所指定的文件中,根据题干topic查找试题,若找到返回1;否则返回0 */
/* 其中,type指试题类型,type取值为1代表单选题;否则为多选题 */
{
    int i,count,k,j;
    char t[LEN],ch;
    Choice tchoice;
    FILE * fp;
    if(type==1)
        count=tquenum.Single;
    else
        count=tquenum.Multiply;
    fp=fopen(filename,"r");
    if(fp==NULL)
    {
        return 0;
    }
    for(i=0;i<count;i++)
    {
        while(!feof(fp))                    /* 读取题干前面的信息 */
        {
            ch=fgetc(fp);
            if(ch==' ')
                break;
        }
        fgets(tchoice.topic,100,fp);        /* 读取题干 */
        k=0;
        j=0;
        for(;tchoice.topic[k]!='\0' && topic[j]!='\0';)
            if(tchoice.topic[k]==topic[j])
                k++,j++;
            else
                break;
        if(tchoice.topic[k]=='\n' && topic[j]=='\0')
            break;
        fgets(tchoice.A,100,fp);            /* 读选项A */
        fgets(tchoice.B,100,fp);            /* 读选项B */
```

```
        fgets(tchoice.C,100,fp);          /*读选项 C*/
        fgets(tchoice.D,100,fp);          /*读选项 D*/
        fgets(t,100,fp);                  /*读正确答案 */
    }
    if(i<count)
        return 1;
    else
        return 0;
}
```

说明：

① 形参。函数包含 3 个形式参数，filename 用于存储试题对应的文件名；topic 用于存储待查找的试题的题干；type 用于存储试题类型。

② 变量定义：

```
int i,count,k,j;
```

程序中定义了整型变量 i、count、k 和 j，其中 i 是循环控制变量；count 用来记录试题数量，k 和 j 变量表示下标，用于题干信息的比较。

```
char t[LEN],ch;
```

字符数组 t 用来存储从文件中读取的正确答案信息行的内容，由于在写入数据时自动在正确答案前添加了文字提示"正确答案："，原有的试题答案成员无法容纳所有的内容，所以定义此数组进行存储；字符变量 ch 用来接收从文件中读取的字符（这里主要存储题干前面的字符）。

```
Choice tchoice;
```

tchoice 变量用来存储从文件中读取的试题信息，主要包括题干、选项 A、选项 B、选项 C、选项 D。

```
FILE * fp;
```

fp 文件类型指针，用于文件的访问。

③ 文件信息读取。函数中借助 for 循环，每次从文件中读取一道试题的完整信息，包括题干、选项及正确答案。由于在试题写入时将试题编号连同圆点、空格和题干写到文件的题干行，所以在读取题干信息时，先用 fgetc 函数读取文件中题干信息之前的字符，然后再利用 fgets 函数读取题干、选项及正确答案。具体代码如下：

```
while(!feof(fp))                      /*读取题干前面的信息*/
{
    ch=fgetc(fp);
    if(ch==' ')
        break;
}
fgets(tchoice.A,100,fp);              /*读选项 A*/
fgets(tchoice.B,100,fp);              /*读选项 B*/
```

```
fgets(tchoice.C,100,fp);                /* 读选项 C * /
fgets(tchoice.D,100,fp);                /* 读选项 D * /
fgets(t,100,fp);                        /* 读正确答案 * /
```

④ 查找题目：

```
k=0;
j=0;
for(;tchoice.topic[k]!='\0' && topic[j]!='\0';)
    if(tchoice.topic[k]==topic[j])
        k++,j++;
    else
        break;
if(tchoice.topic[k]=='\n' && topic[j]=='\0')
        break;
```

　　文件中的题干信息由 fgets 函数读取，由于 fgets 函数读取的信息中含有换行符，而从键盘上输入的题干信息中不含换行符，如果直接采用字符串比较函数 strcmp 进行比较，即使题干信息完全相同，比较结果也不会相等。为此借助 for 循环，通过逐个字符比较来实现，直到对应字符不相等，或者其中一个字符串结束为止。如果这时从文件中读取的字符串遇到换行符并且从键盘上输入的字符串遇到结束标志时，表示题干信息在文件中已存在。

　　说明：本程序中对题目的查找，仅限于题干信息的查找。只有当输入的题干信息与文件中对应题目的题干信息完全相同时，才认为题目已经存在。

　　(4) 定义函数 FindTopic_Array。

　　FindTopic_Array 函数在长度为 n 的结构数组 choiceInfo 中查找指定题干的试题，若找到，则返回 1；否则，返回 0。具体代码如下：

```
int FindTopic_Array(char topic[LEN],int n)
{
    int i;
    for(i=0;i<n;i++)
        if(strcmp(choiceInfo[i].topic,topic)==0)
            break;
    if(i<n)
        return 1;
    else
        return 0;
}
```

　　函数中采用了顺序查找的方式，对结构数组 choiceInfo，从下标为 0 的元素开始，用每个元素的题干成员与形参 topic 中的题干信息进行比较，如果相等，则停止查找，返回 1。若数组扫描结束仍没有查找到，则返回 0。

　　函数 FindTopic_Array 的使用避免了用户将相同的试题写入结构数组中，进而避免了相同题目在文件中的重复存储。因为整个程序是先对试题进行判断，若文件中不存在，则写入结构数组中，最后再一次性将结构数组中的试题写入文件的。FindTopic_File 函数虽然可以判断试题与文件中的题目是否重复,但是对本次输入的题目是否有重复无法判断。

(5) 定义函数 WriteFile。

WriteFile 函数将结构数组 choiceInfo 中所存储的选择题写入对应的文件中。

```
void WriteFile(char * filename,int n)        /* 文件写入 */
{
    int i;
    FILE * fp;
    fp=fopen(filename,"a");
    if(fp==NULL)
    {
        printf("\n\n\n\n\t\t");
        printf("警告:不能打开文件\"%s\"用来写\n",filename);
        exit(0);
    }
    else
    {
        for(i=0;i<n;i++)
        {
            //fwrite(&choiceInfo[i],sizeof(Schoice),1,fp);
            fprintf(fp,"%d", choiceInfo[i].no);
            fprintf(fp,". %s\n", choiceInfo[i].topic);
            fprintf(fp,"A.%s\n", choiceInfo[i].A);
            fprintf(fp,"B.%s\n", choiceInfo[i].B);
            fprintf(fp,"C.%s\n", choiceInfo[i].C);
            fprintf(fp,"D.%s\n", choiceInfo[i].D);
            fprintf(fp,"参考答案: %s\n\n",choiceInfo[i].answer);
        }
    }
    fclose(fp);
}
```

说明:

① 形参。函数包含两个形式参数,filename 指明用于写入的文件名;整型变量 n 指出写入文件中的试题数量。

② 文件输出。程序中借助 fprintf 格式化输出函数完成试题信息的写入。试题编号与题干之间用圆点＋空格连接作为一行输出到文件中;每个选项作为一行写入文件中,并在各个选项前加上对应的字母,如选项 A 的前面加上“A.”;正确答案作为一行写入文件中,且在答案之前增加了“参考答案:”这样的提示信息。具体写入文件中的效果如图 3-46 所示。

(6) 定义函数 AddChoice。

AddChoice 函数将用户输入的选择题信息添加到对应的文件中。为了避免反复写文件造成的时间浪费,这里采取了先将题目信息存储在结构数组中,再一次写入的方式;为了避免题目的重复写入,每次输入结束后都要对题目进行判断,若文件中不存在,则添加

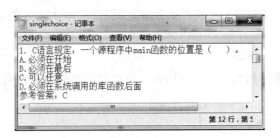

图 3-46　文件中的内容

到结构数组中。具体工作流程如下：

步骤 1　读入题干信息、选项及正确答案。

步骤 2　判断题目是否存在，若存在，则转步骤 7。

步骤 3　判断答案信息是否正确，若不正确，显示警告信息，则转步骤 7。

步骤 4　根据添加的试题类型，获取各类型试题数量，以便作为新题号的依据。

步骤 5　将题号、题干、选项及答案信息写入结构数组 choiceInfo 中，显示"添加成功"。

步骤 6　修改本次新添加的试题数量信息。

步骤 7　询问是否继续添加试题，若选择"是"，则转步骤 1。

步骤 8　判断本次添加的新试题数量，如果等于 0，则转步骤 12。

步骤 9　将本次添加的新试题写入文件。

步骤 10　统计文件中试题数量信息。

步骤 11　将试题数量信息写入专门的文件 ini.dat 中。

步骤 12　结束试题添加。

添加试题的具体代码如下：

```c
void AddChoice(char * filename,int type)    /* 添加选择题 */
{
    char topic[LEN];                        /* 存放题干 */
    char A[LEN];                            /* 存放选项 A */
    char B[LEN];                            /* 存放选项 B */
    char C[LEN];                            /* 存放选项 C */
    char D[LEN];                            /* 存放选项 D */
    char answer[5];                         /* 存放正确选项 */
    char isYes,t;
    int count=0;                            /* 存放本次添加的试题数量 */
    int pos;                                /* 存放文件中已存在的试题数量 */
    int inFile,inArray;
    for(;;)
    {
        system("cls");
        printf("\n\n\n\t\t");
        printf("****************添加单选题****************\n");
        while((t=getchar())!='\n');
        printf("\n\n\t\t%12s","题干: ");
```

```
gets(topic);
printf("\n\t\t%12s","选项 A: ");
gets(A);
printf("\n\t\t%12s","选项 B: ");
gets(B);
printf("\n\t\t%12s","选项 C: ");
gets(C);
printf("\n\t\t%12s","选项 D: ");
gets(D);
printf("\n\t\t%12s","正确选项: ");
gets(answer);
inFile=FindTopic_File(filename,topic,type);
inArray=FindTopic_Array(topic,count);
if(inFile==1||inArray==1)
{
    printf("\n\n\t\t警告: 题目已存在!");
}
else
{
    if(type==1&&strlen(answer)>1||type==2&&strlen(answer)>4)
    {
        printf("\n\n\t\t警告: 答案输入有误!");
    }
    else
    {
        if(type==1)
        {
            pos=tquenum.Single;
        }
        else
        {
            pos=tquenum.Multiply;
        }
        choiceInfo[count].no=count+pos+1;
        strcpy(choiceInfo[count].topic,topic);
        strcpy(choiceInfo[count].A,A);
        strcpy(choiceInfo[count].B,B);
        strcpy(choiceInfo[count].C,C);
        strcpy(choiceInfo[count].D,D);
        strcpy(choiceInfo[count].answer,strupr(answer));
        printf("\n\n\t\t添加成功!");
        count++;
    }
}
printf("\n\n\t\t是否继续添加? (Y/N)");
isYes=getchar();
if(isYes=='N'||isYes=='n')
    break;
}
```

```
        if(count>=1)
        {
            WriteFile(filename,count);
            if(type==1)
            {
                tquenum.Single=count+pos;
            }
            else
            {
                tquenum.Multiply=count+pos;
            }
            WriteInit(tquenum.Single,tquenum.Multiply,tquenum.judge);
        }
        getch();
    }
```

说明：

① 形参。函数中有两个形参，即 filename 和 type，其中 filename 用于存储文件名信息；type 用于存储试题类型信息。当 type＝1 时，代表单选题；当 type＝2 时，代表多选题。

程序中对单选题和多选题采用了不同文件存储，单选题存储在 singlechoice.dat 文件中，多选题存储在 multichoice.dat 文件中。

② 变量定义。程序中定义了 6 个字符数组，分别用于存储用户从键盘上输入的题干、4 个选项及参考答案信息；定义了两个字符型变量，分别用于存储用户回答的信息以及用于清空缓冲区时临时存储的字符；定义了 4 个整型变量，其中 count 用于存储本次添加的试题数量，pos 用于存储文件中已存在的试题数量，inFile 用于存储在文件中查找试题的返回值，inArray 用于存储在数组中查找试题的返回值。具体定义如下：

```
char topic[LEN];      /* 存放题干 */
char A[LEN];          /* 存放选项 A */
char B[LEN];          /* 存放选项 B */
char C[LEN];          /* 存放选项 C */
char D[LEN];          /* 存放选项 D */
char answer[5];       /* 存放正确选项 */
char isYes,t;
int count=0;          /* 存放本次添加的试题数量 */
int pos;              /* 存放文件中已存在的试题数量 */
int inFile,inArray;
```

③ 试题信息读取。程序中采用 gets 函数读取试题信息。试题信息包括题干、各选项及参考答案，它们都是由一系列字符组成的字符串，在 C 语言中，可以用 scanf 和 gets 函数进行字符串的输入，之所以没有选择 scanf 函数，是因为输入的试题信息中可能包含有空格，而 scanf 函数读取的字符串中是没有空格的。

为了保证题干信息能够准确地输入，在执行输入前，利用 while 循环语句对缓冲区进行清空的操作，代码如下：

```
while((t=getchar())!='\n');
```

如果不加这条语句,程序在运行时会直接跳过题干的输入,从而导致程序运行错误:

*****************添加单选题*****************

题干:
选项 A:

④ 题目是否存在。程序中通过调用 FindTopic_File 和 FindTopic_Array 函数判断新输入的题目是否已经存在。其中,FindTopic_File 函数用于判断题目是否在题库文件中存在,而 FindTopic_Array 函数用于判断题目是否在本次输入的数组中存在:

```
inFile=FindTopic_File(filename,topic,type);
inArray=FindTopic_Array(topic,count);
if(inFile==1||inArray==1)
{
    printf("\n\n\t\t 警告:题目已存在!");
}
else
{
    ...
}
```

⑤ 新题目添加到结构数组。题目信息中含有题号,这个内容是程序自动添加的,而不是由用户输入的。为了准确记录文件中各类试题的数量,以便对新加入的试题进行编号,程序中引入了全局变量 tquenum,该变量中含有 3 个成员,分别记录单选题、多选题及判断题的数量,程序中根据添加试题的类型为整型变量 pos 赋值,以便记录目前文件中该类试题数量,从而确定题号。

所有题目信息都是由字符串组成,向结构数组中存储时,通过字符串复制函数 strcpy 为数组元素中每个成员赋值,从而实现对结构数组元素的赋值,代码如下:

```
if(type==1)
{
    pos=tquenum.Single;
}
else
{
    pos=tquenum.Multiply;
}
choiceInfo[count].no=count+pos+1;
strcpy(choiceInfo[count].topic,topic);
strcpy(choiceInfo[count].A,A);
strcpy(choiceInfo[count].B,B);
strcpy(choiceInfo[count].C,C);
strcpy(choiceInfo[count].D,D);
strcpy(choiceInfo[count].answer,strupr(answer));
```

其中,strcpy 是一个字符串处理函数,它可以将字符串中的小写字母转换成大写字母。但它不是标准 C 库函数,只能在 VC 中使用。

⑥ 新试题写入对应的文件。当用户不再继续添加试题时,程序首先判断本次添加的试题数量,如果大于等于 1 条,则调用 WriteFile 函数,将结构数组中存储的所有试题写入文件中。代码如下:

```
if(count>=1)
{
    WriteFile(filename,count);
}
```

⑦ 更新各类试题数量到文件。试题添加结束后,实际试题的数量会发生改变,这时要准确将实际试题数量写入文件中,以便以后使用,为此先根据添加的试题类型是单选题还是多选题,为 tquenum 结构变量中的成员赋值,然后再调用 WriteInit 函数将信息写入文件中。代码如下:

```
if(type==1)
{
    tquenum.Single=count+pos;
}
else
{
    tquenum.Multiply=count+pos;
}
WriteInit(tquenum.Single,tquenum.Multiply,tquenum.judge);
```

(7) 定义函数 AddJudge。

AddJudge 函数将用户输入的判断题信息添加到存放判断题的文件中。

```
void AddJudge()        /* 添加判断题 */
{
    system("cls");
    printf("\n\n\n");
    printf("\t\t");
    printf("***************添加判断题");
    printf("***************\n");
    getch();
}
```

(8) 定义函数 ModifyChoice。

ModifyChoice 函数实现选择题信息的修改。

```
void ModifyChoice(char * filename,int type) /* 修改选择题 */
{
    system("cls");
    printf("\n\n\n");
    if(type==1)
    {
        printf("\t\t***************修改单选题***************\n");
    }
```

```
        else
        {
            printf("\t\t***************修改多选题****************\n");
        }
        getch();
}
```

（9）定义函数 QuestionManage。

QuestionManage 函数通过调用各个函数实现试题管理功能。

在 QuestionManage 函数中，首先调用 InitQuestion 函数获取文件中各类型试题的数量，然后根据用户的选择转入对应的菜单项进行处理。

考虑到用户可能对试题管理模块中涉及的各个菜单项进行访问，这里采用了无表达式的 for 循环语句实现，只有当用户输入的选项不是 1～6 之间的数字时，才结束试题管理模块运行。

```
void QuestionManage()
{
    int choice=1;
    InitQuestion();
    for(;;)
    {
        QUI();
        printf("\t\t 请选择相应的功能：");
        scanf("%d",&choice);
        if(choice>=1&&choice<=6)
        {
            switch(choice)
            {
              case 1:
                  AddChoice("singlechoice.dat",1); break;     /*添加单选题*/
              case 2:
                  AddChoice("multichoice.dat",2); break;      /*添加多选题*/
              case 3:
                  AddJudge();    break;                        /*添加判断题*/
              case 4:
                  ModifyChoice("singlechoice.dat",1); break;  /*修改单选题*/
              case 5:
                  ModifyChoice("multichoice.dat",2); break;   /*修改多选题*/
              case 6:
                  ModifyJudge();    break;                     /*修改判断题*/
            }
        }
        else
            break;
    }
    getch();
}
```

程序运行结果分别介绍如下。

程序执行时,首先显示试题管理模块主界面,并有光标闪动,等待用户选择,具体内容如下:

```
========试题管理模块========
        1．添加单选题
        2．添加多选题
        3．添加判断题
        4．修改单选题
        5．修改多选题
        6．修改判断题
```
请选择相应的功能:

当用户输入1并按回车键之后,进入"添加单选题"界面,光标停留在题干项后面等待用户输入,具体内容如下:

```
****************添加单选题****************

题干:
```

当用户依次输入题干、各选项及正确选项后,程序显示"添加成功!"提示信息,并询问用户"是否继续添加?（Y/N）",具体内容如下:

```
****************添加单选题****************

题干:电视片摄制过程中,镜头的运动方式有()。
        选项A:转、拉、摇、移、跟
        选项B:推、拉、摇、转、跟
        选项C:推、拉、摇、转、转
        选项D:推、拉、摇、移、跟
    正确选项:D

    添加成功!
    是否继续添加?（Y/N）
```

当用户再次添加的试题与已添加试题的题干相同时,则显示"警告:题目已存在!",具体内容如下:

```
****************添加单选题****************

题干:电视片摄制过程中,镜头的运动方式有()。
        选项A:转、拉、摇、移、跟
        选项B:推、拉、摇、转、跟
        选项C:推、拉、摇、转、转
        选项D:推、拉、摇、移、跟
    正确选项:D

    警告:题目已存在!
    是否继续添加?（Y/N）
```

说明:实际上这时试题是不会添加到结构数组中的。

当用户输入字符 n 或 N 时,程序会自动将刚刚添加的试题写入文件中,并返回到试题管理主界面。当用户输入数字 7 并按回车键时,返回上级界面(即后台管理界面)。当然用户也可以输入其他数字进行菜单的选择,包括输入数字 1,再次添加试题。

程序运行结束后,在工程文件夹中可以看到多了两个文件,即 ini. dat 和 singlechoice. dat:

在 ini. dat 中存储的是目前试题数量。如果只添加一个单选题,文件内容为 1,0,0 表示单选题 1 个,多选题 0 个,判断题 0 个,如图 3-47 所示。

图 3-47　ini. dat 文件中的内容

在 singlechoice. dat 中存储的是用户添加的单选题信息。具体内容如图 3-48 所示。

图 3-48　singlechoice. dat 文件中的内容

【任务拓展】

(1) 完善试题管理模块,完成判断题的添加,以及各类试题的修改功能。

(2) 编写程序,完成前台模拟测试和考试功能。

【自我检测】

1. 以下关于指针的叙述,正确的是(　　)。

　A. 所有类型的指针变量所占内存的大小是一样的

　B. 指针变量所占内存的大小与其类型有关,char 型指针变量只占 1 个字节, double 型指针变量占 8 个字节

　C. 指针变量可直接指向任何类型的变量,而不会出现编译或运行错误

    D. 指针变量既可以直接指向结构体,也可直接指向结构体中的某个成员,而不会
       出现编译或运行错误

2. 以下定义语句中,正确的是(　　)。

    A. char A＝65＋1,b='b';　　　　B. int a＝b＝0;

    C. float a＝1,＊b＝&a,＊c＝&b;　D. double a＝0.0;b＝1.1;

3. 以下叙述中,正确的是(　　)。

    A. 基类型不同的指针变量可以相互混用

    B. 函数的类型不能是指针类型

    C. 函数的形参类型不能是指针类型

    D. 设有指针变量为 double ＊p,则 p＋1 将指针 p 移动 8 个字节

4. 以下叙述中,正确的是(　　)。

    A. 如果 p 是指针变量,则 &p 是不合法的表达式

    B. 如果 p 是指针变量,则 ＊p 表示变量 p 的地址值

    C. 在对指针进行加、减算术运算时,数字 1 表示 1 个存储单元的长度

    D. 如果 p 是指针变量,则 ＊p＋1 和 ＊(p＋1)的效果是一样的

5. 以下选项中,正确的语句组是(　　)。

    A. char ＊s;s＝{"BOOK!"};　　　B. char ＊s;s＝"BOOK!";

    C. char s[10];s＝"BOOK!";　　　D. char s[];s＝"BOOK!";

6. 设有以下程序段:

```
#include<stdio.h>
char s[20]="Beijing",*p;
p=s;
```

则执行 p＝s;语句后,以下叙述正确的是(　　)。

    A. s 和 p 都是指针变量

    B. s 数组中元素的个数和 p 所指字符串长度相等

    C. 可以用 ＊p 表示 s[0]

    D. 数组 s 中的内容和指针变量 p 中的内容相同

7. 如果定义:

```
float  a[10], x;
```

则以下叙述中,正确的是(　　)。

    A. 语句 a＝&x 是非法的

    B. 表达式 a＋1 是非法的

    C. a[1]、＊(a＋1)、＊&a[1]这 3 个表达式表示的意思完全不同

    D. 表达式 ＊&a[1]是非法的,应用写成 ＊(&(a[1]))

8. 以下叙述中,错误的是(　　)。

    A. 可以给指针变量赋一个整数作为地址值

    B. 函数可以返回地址值

C. 改变函数形参的值,不会改变对应实参的值

D. 当在程序的开头包含头文件 stdio.h 时,可以给指针变量赋 NULL

9. 设已有定义:

```
float x;
```

则以下对指针变量 p 进行定义且赋初值的语句中,正确的是(　　)。

  A. int ＊p＝(float)x;   B. float ＊p＝&x;

  C. float p＝&x;   D. float ＊p＝1024;

10. 若有定义语句:

```
double a, * p=&a;
```

以下叙述中,错误的是(　　)。

  A. 定义语句中的 ＊ 号是一个间址运算符

  B. 定义语句中的 ＊ 号是一个说明符

  C. 定义语句中的 p 只能存放 double 类型变量的地址

  D. 定义语句中,＊p＝&a 把变量 a 的地址作为初值赋给指针变量 p

11. 以下叙述中,正确的是(　　)。

  A. 即使不进行强制类型转换,在进行指针赋值运算时,指针变量的基类型也可以不同

  B. 如果企图通过一个空指针来访问一个存储单元,将会得到一个出错信息

  C. 设变量 p 是一个指针变量,则语句 p＝0;是非法的,应该使用 p＝NULL;

  D. 指针变量之间不能用关系运算符进行比较

12. 以下选项中,叙述正确的是(　　)。

  A. 文件指针是指针类型的变量

  B. 文件指针可同时指向不同文件

  C. 文件指针的值是文件在计算机磁盘中的路径信息

  D. 调用 fscanf 函数可以向文体文件中写入任意字符

13. 以下叙述中,正确的是(　　)。

  A. 当对文件的读(写)操作完成之后,必须将它关闭,否则可能导致数据丢失

  B. 打开一个已存在文件并进行写操作后,原有文件中的全部数据必定被覆盖

  C. 在一个程序中当对文件进行写操作后,必须先关闭该文件然后再打开,才能读第 1 个数据

  D. C 语言中的文件是流式文件,因此只能顺序存取数据

14. 以下叙述中,正确的是(　　)。

  A. 在 C 语言中调用 fopen 函数就可把程序中要读、写的文件与磁盘上实际的数据文件联系起来

  B. fopen 函数调用形式为:fopen(文件名)

  C. fopen 函数的返回值为 NULL 时,则成功打开指定的文件

  D. fopen 函数的返回值必须赋给一个任意类型的指针变量

15. 以下关于 C 语言文件的叙述中,正确的是(　　)。

  A. 文件由一系列数据依次排列组成,只能构成二进制文件

  B. 文件由结构序列组成,可以构成二进制文件可文本文件

  C. 文件由数据序列组成,可以构成二进制文件可文本文件

  D. 文件由字符序列组成,其类型只能是文本文件

16. 有以下程序:

```
FILE * fp;
if((fp=fopen("test.txt","w"))==NULL)
{
    printf("不能打开文件!");
    exit(0);
}
else
printf("成功打开文件!");
```

若指定文件 test. txt 不存在,且无其他异常,则以下叙述错误的是(　　)。

  A. 程序运行时,会因文件存在而出错

  B. 程序运行后,文件 test. txt 中的原有内容将全部消失

  C. 对文件 test. txt 进行写操作后,可以随机进行读取

  D. 对文件 test. txt 写入的内容总是被添加到文件尾部

17. 有以下程序:

```
#include<stdio.h>
void main()
{
    FILE * fp;
    int a[10]={1,2,3},i,n;
    fp=fopen("d1.dat","w");
    for(i=0;i<3;i++) fprintf(fp,"%d",a[i]);
    fprintf(fp,"\n");
    fclose(fp);
    fp=fopen("d1.dat","r");
    fscanf(fp,"%d",&n);
    fclose(fp);
    printf("%d\n",n);
}
```

程序的运行结果是(　　)。

  A. 321   B. 12300   C. 1   D. 123

18. 设文件指针 fp 已定义,执行语句 fp=fopen("file","w");后,以下针对文本文件 file 操作叙述的选项中,正确的是(　　)。

  A. 只能写不能读   B. 写操作结束后可以从头开始读

  C. 可以在原有内容后追加写   D. 可以随意读和写

19. 以下程序依次把从终端输入的字符存放到 f 文件中,用 # 作为结束输入的标志,

则在横线处应填入的选项是(　　)。

```
#include<stdio.h>
void main()
{
    FILE * fp; char ch;
    fp=fopen("fname","w");
    while((ch=getchar())!='#') fputc();
    fclose(fp);
}
```

    A. ch,"fname"　　B. fp,ch　　　　C. ch　　　　　　D. ch,fp

20. 以下叙述中,错误的是(　　)。

    A. gets 函数用于从终端读入字符串

    B. getchar 函数用于从磁盘文件读入字符

    C. fputs 函数用于把字符串输出到文件

    D. fwrite 函数用于以二进制形式输出数据到文件

21. 有以下程序:

```
#include<stdio.h>
void main()
{
    int i;
    FILE * fp;
    for(i=0;i<5;i++)
    {
        fp=fopen("output.txt","w");
        fputc('A'+i,fp);
        fclose(fp);
    }
}
```

程序运行后,在当前目录下会生成一个 output.txt 文件,其内容是(　　)。

    A. E　　　　　　B. EOF　　　　　C. ABCDE　　　　D. A

22. 读取二进制文件的函数调用形式为:

```
fread(buffer,size,count,fp);
```

其中,buffer 代表的是(　　)。

    A. 一个内存块的字节数

    B. 一个整型变量,代表待读取数据的字节数

    C. 一个文件指针,指向待读取的文件

    D. 一个内存块的首地址,代表读入数据存放的地址

23. 有以下程序:

```
#include<stdio.h>
void main()
```

```
{
    FILE * fp;
    char * s1="China", * s2="Beijing";
    fp=fopen("abc.dat","wb+");
    fwrite(s1,7,1,fp);
    rewind(fp);   /*文件指针指回到文件开头*/
    fwrite(s1,5,1,fp);
    fclose(fp);
}
```

以上程序执行后 abc.txt 文件的内容是(　　)。

    A. China   B. Chinang   C. ChinaBeijing   D. BeijingChina

24. 有以下程序：

```
#include<stdio.h>
void main()
{
    FILE * fp;
    int a[10]={1,2,3,0,0},i;
    fp=fopen("d2.dat","wb");
    fwrite(a,sizeof(int),5,fp);
    fwrite(a,sizeof(int),5,fp);
    fclose(fp);
    fp=fopen("d2.dat","rb");
    fread(a,sizeof(int),10,fp);
    fclose(fp);
    for(i=0;i<10;i++)
        printf("%d,",a[i]);
}
```

程序的运行结果是(　　)。

    A. 1,2,3,0,0,0,0,0,0,0,   B. 1,2,3,1,2,3,0,0,0,0,

    C. 123,0,0,0,0,123,0,0,0,0,   D. 1,2,3,0,0,1,2,3,0,0,

25. 有以下程序：

```
#include<stdio.h>
void main()
{
    FILE * fp;
    int k,n,a[6]={1,2,3,4,5,6};
    fp=fopen("d2.dat","w");
    fprintf(fp,"%d%d%d\n",a[0],a[1],a[2]);
    fprintf(fp,"%d%d%d\n",a[3],a[4],a[5]);
    fclose(fp);
    fp=fopen("d2.dat","r");
    fscanf(fp,"%d%d",&k,&n);
    printf("%d %d\n",k,n);
    fclose(fp);
}
```

程序运行后的输出结果是(　　)。

    A. 1 2　　　　　B. 1 4　　　　　C. 123　4　　　　D. 123　456

单 元 小 结

　　本单元的重点是掌握字符串、函数、结构、指针及文件的使用。C 语言本身并没有提供字符串类型,对字符串的处理是通过字符数组和字符指针实现的。函数是构成 C 语言程序的基本单位,函数设计得是否合理,对程序开发有很大的影响。利用结构可以将不同类型数据组织在一起,借助指针可以方便地实现对数据的访问,通过文件可以将数据长久地保存。

　　具体要点如下。

1. 字符串

(1) 字符串常量："C Program\n"。

(2) 字符串存储：char name[10]="Mary";。

(3) 字符串输入：scanf("%s",name);gets(name);。

(4) 字符串输出：printf("%s"name);puts(name);。

(5) 常用字符串处理函数：strlen、strcmp、strcpy、strcat。

(6) 加载头文件：#include <string.h>。

2. 函数

(1) 函数是构成 C 语言程序的基本单位。

(2) 函数定义格式：类型 函数名(形参表)函数体。

(3) 函数定义不能嵌套,即不允许在一个函数内定义另一个函数。

(4) 如果函数有返回值,函数体内必须包含 return 语句。

(5) 函数调用格式：函数名(实参表)。

(6) 函数可以嵌套调用,即允许在一个函数内调用另一个函数。

(7) 函数说明形式：

类型 函数名(参数类型 1 形参 1,参数类型 2 形参 2,…);
类型 函数名(参数类型 1,参数类型 2,…);

3. 结构

(1) 结构是一种用户自定义的类型。

(2) 结构类型定义的一般形式：

```
struct 结构类型名
{
    成员表列
};
```

（3）结构变量的定义：struct 结构类型名 结构变量名表;。

（4）结构成员的访问：结构变量名. 成员名结构指针－＞成员名。

（5）结构变量的输入输出：结构变量不能整体进行输入输出,只能通过对每个成员的输入、输出来实现。

4. 指针

（1）指针变量定义：类型 * 指针变量 1, * 指针变量 2,…。

（2）指针变量的间接访问： * 指针变量。

（3）指针的基本运算：＝、＋、－、＝＝、! ＝、＋＋、－－。

（4）指针与数组：数组名［下标］↔ *（数组名＋下标）。

（5）指针与函数：指针可以作为函数的参数。

5. 文件

文件操作步骤如下：

（1）定义文件指针（FILE * 指针变量名）。

（2）打开文件 fopen（文件名,打开方式）。

（3）判断文件打开是否失败,如果文件打开失败,给出提示信息并非正常结束程序。

（4）读写文件 fgetc、fputc、fgets、fputs、fscanf、fprintf。

（5）关闭文件 fclose（文件指针）。

单 元 练 习

1. 以下函数实现按每行 8 个输出 w 所指数组中的数据。

```
#include<stdio.h>
void fun(int * w,int n)
{
    int i;
    for(i=0;i<n;i++)
    {
        _____
        printf("%d",w[i]);
    }
    printf("\n");
}
```

在横线处应填入的语句是（　　）。

　A. if(i/8＝＝0) printf("\n");　　　B. if(i/8＝＝0) continue;

　C. if(i%8＝＝0) printf("\n");　　　D. if(i%8＝＝0) continue;

2. 有以下程序：

```
#include<stdio.h>
void main()
```

```
{
    int i,j=0;
    char a[]="How are you!",b[10];
    for(i=0;a[i];i++)
        if(a[i]==' ') b[j++]=a[i+1];
    b[j]='\0';
    printf("%s\n",b);
}
```

则程序的输出结果是(　　)。

    A. Howareyou!　B. Howareyou　　C. Hay!　　　　　D. ay

3. 有以下程序：

```
#include<stdio.h>
void fun (char  * c)
{
    while(* c)
    {
        if(* c >='a' && * c <='z')
            * c = * c - ('a' - 'A');
        c++;
    }
}
void main()
{
    char  s[81];
    gets(s);
    fun(s);
    puts(s);
}
```

当执行程序时从键盘上输入 Hello Beijing 按回车键,则程序的输出结果是(　　)。

    A. hello beijing　　　　　　　　B. Hello Beijing

    C. HELLO BEIJING　　　　　　D. hELLO Beijing

4. 有以下程序：

```
#include<stdio.h>
int f(int  n)
{
    int  t =0,  a=5;
    if (n/2) {int  a=6;   t +=a++;}
    else    {int  a=7;    t +=a++;}
    return  t +a++;
}
void  main()
{
    int  s=0, i=0;
    for (; i<2;i++)  s +=f(i);
    printf("%d\n", s);
}
```

程序运行后的输出结果是(   )。

    A. 28   B. 24   C. 32   D. 36

5. 有以下程序：

```c
#include<stdio.h>
main()
{
    char  a[20], b[ ]="The sky is blue.";
    int   i;
    for (i=0; i<7; i++)
        scanf("%c", &b[i]);
    gets(a);
    printf("%s%s\n", a,b);
}
```

执行时若输入：

```
Fig flower is red. <Enter>
```

(其中<Enter>表示回车符)

输出结果是(   )。

    A. wer is red. Fig flo is blue.   B. wer is red. Fig flo

    C. wer is red. The sky is blue.   D. Fig flower is red. The sky is blue.

6. 有以下程序：

```c
#include <stdio.h>
void main()
{
    int   x=1, y=0, a=0,b=0;
    switch(x){
        case  1:
            switch(y)
            {
                case  0:
                    a++;break;
                case  1:
                    b++; break;
            }
        case 2:
            a++;  b++;  break;
        case 3:
            a++;   b++;
    }
    printf("a=%d, b=%d\n", a, b);
}
```

程序的运行结果是(   )。

    A. a=2,b=2   B. a=2,b=1   C. a=1,b=1   D. a=1,b=0

7. 有以下程序：

```
#include<stdio.h>
struct S{int a; int * b;};
main()
{
    int x1[ ]={3,4},x2[ ]={6,7};
    struct S x[ ]={1,x1,2,x2};
    printf("%d,%d\n", * x[0].b, * x[1].b);
}
```

程序的运行结果是(　　)。

  A. 3,6　　　　　　B. 1,2　　　　　　C. 4,7　　　　　　D. 变量的地址值

8. 有以下程序：

```
struct st
{ int  x;    int  * y;} * pt;
int  a[]={1,2}, b[]={3,4};
struct st  c[2]={10,a,20,b};
pt=c;
```

以下选项中,表达式的值为 11 的是(　　)。

  A. ++pt->x　　B. pt->x　　　　C. * pt->y　　　D. (pt++)->x

9. 以下叙述中,正确的是(　　)。

  A. 在一个程序中,允许使用任意数量的 #include 命令行

  B. 在包含文件中,不得再包含其他文件

  C. #include 命令行不能出现在程序文件的中间

  D. 虽然包含文件被修改,包含该文件的源程序也可以不重新进行编译和连接

10. 有以下程序：

```
#include<stdio.h>
struct ord
{  int  x,y;} dt[2]={1,2,3,4};
main()
{
    struct ord  * p=dt;
    printf("%d,",++ (p->x));
    printf("%d\n",++ (p->y));
}
```

程序运行后的输出结果是(　　)。

  A. 3,4　　　　　　B. 4,1　　　　　　C. 2,3　　　　　　D. 1,2

11. 设有某函数的说明：

```
int * func(int a[10], int n);
```

则下列叙述中,正确的是(　　)。

  A. 形参 a 对应的实参只能是数组名

B. 说明中的 a[10]写成 a[]或＊a 效果完全一样

C. func 的函数体中不能对 a 进行移动指针(如 a＋＋)的操作

D. 只有指向 10 个整数内存单元的指针,才能作为实参传给 a

12. 有以下程序:

```c
#include<stdio.h>
main()
{
    int   i=5;
    do
    {
        if (i%3==1)
        if (i%5==2){printf("*%d", i);  break;  }
        i++;
    }  while(i!=0);
    printf("\n");
}
```

程序的运行结果是(　　)。

　　A. ＊2＊6　　　　B. ＊3＊5　　　　C. ＊5　　　　D. ＊7

13. 有以下程序:

```c
#include<stdio.h>
main()
{
    int   c[6]={10,20,30,40,50,60},  *p,*s;
    p=c;     s=&c[5];
    printf("%d\n", s-p);
}
```

程序运行后的输出结果是(　　)。

　　A. 5　　　　　　B. 50　　　　　　C. 6　　　　　　D. 60

14. 有以下程序:

```c
#include<stdio.h>
void  fun(char  *t,  char  *s)
{
    while(*t!=0)  t++;
    while((*t++=*s++)!=0);
}
main()
{
    char   ss[10]="acc",aa[10]="bbxxyy";
    fun(ss, aa);
    printf("%s,%s\n", ss,aa);
}
```

程序的运行结果是(　　)。

A. acc,bbxxyy　　　　　　　　　B. accbbxxyy,bbxxyy

C. accxxyy,bbxxyy　　　　　　　D. accxyy,bbxxyy

15. 有以下程序：

```c
#include<stdio.h>
void  fun2(char  a, char b)
{
    printf("%c %c ",a,b);
}
char  a='A', b='B';
void  fun1()
{
    a='C';
    b='D';
}
void main()
{
    fun1();
    printf("%c %c ",a,b);
    fun2('E', 'F');
}
```

程序的运行结果是(　　)。

A. A B E F　　B. C D E F　　C. A B C D　　D. C D A B

16. 有以下程序：

```c
#include<stdio.h>
void  f(int  x[], int  n)
{
    if (n>1) {
        printf("%d,", x[n-1]);
        f(x, n-1);
    }
    else
        printf("%d,", x[0]);
}
void main()
{
    int  z[6] ={1,2,3,4,5,6};
    f(z,6);
    printf("\n");
}
```

程序运行后的输出结果为(　　)。

A. 6,5,4,3,2,1,　　　　　　　B. 6,1,

C. 2,3,4,5,6,1,　　　　　　　D. 1,2,3,4,5,6,

附录 ①

常用字符与 ASCII 码对照表

ASCII 码	字符	ASCII 码	字符	ASCII 码	字符	ASCII 码	字符
000	NUL	029	GS	058	:	087	W
001	SOH	030	RS	059	;	088	X
002	STX	031	US	060	<	089	Y
003	ETX	032	空格	061	=	090	Z
004	EOT	033	!	062	>	091	[
005	EDQ	034	"	063	?	092	\
006	ACK	035	#	064	@	093	]
007	BEL	036	$	065	A	094	^
008	BS	037	%	066	B	095	_
009	HT	038	&	067	C	096	`
010	LF	039	'	068	D	097	a
011	VT	040	(	069	E	098	b
012	FF	041	)	070	F	099	c
013	CR	042	*	071	G	100	d
014	SO	043	+	072	H	101	e
015	SI	044	,	073	I	102	f
016	DLE	045	-	074	J	103	g
017	DC1	046	.	075	K	104	h
018	DC2	047	/	076	L	105	i
019	DC3	048	0	077	M	106	j
020	DC4	049	1	078	N	107	k
021	NAK	050	2	079	O	108	l
022	SYN	051	3	080	P	109	m
023	ETB	052	4	081	Q	110	n
024	CAN	053	5	082	R	111	o
025	EM	054	6	083	S	112	p
026	SUB	055	7	084	T	113	q
027	ESC	056	8	085	U	114	r
028	FS	057	9	086	V	115	s

续表

ASCII 码	字符	ASCII 码	字符	ASCII 码	字符	ASCII 码	字符
116	t	119	w	122	z	125	}
117	u	120	x	123	{	126	~
118	v	121	y	124	|	127	DEL

字符	解 释	字符	解 释	字符	解 释
NUL	空字符	VT	垂直制表符	SYN	同步空闲
SOH	标题开始	FF	换页键	ETB	传输块结束
STX	正文开始	CR	回车键	CAN	取消
ETX	正文结束	SO	不用切换	EM	介质中断
EOT	传输结束	SI	启用切换	SUB	替补
EDQ	请求	DLE	数据链路转义	ESC	溢出
ACK	收到通知	DC1	设备控制 1	FS	文件分割符
BEL	响铃	DC2	设备控制 2	GS	分组符
BS	退格	DC3	设备控制 3	RS	记录分隔符
HT	水平制表符	DC4	设备控制 4	US	单元分隔符
LF	换行键	NAK	拒接接收	DEL	删除

运算符的优先级和结合性

优先级	运算符	名称或含义	使 用 形 式	结合方向	说　明
1	[]	数组下标	数组名[常量表达式]	左到右	
	()	圆括号	(表达式)/函数名(形参表)		
	.	成员选择(对象)	对象.成员名		
	－＞	成员选择(指针)	对象指针－＞成员名		
2	－	负号运算符	－表达式	右到左	单目运算符
	(类型)	强制类型转换	(数据类型)表达式		
	＋＋	自增运算符	＋＋变量名/变量名＋＋		
	－－	自减运算符	－－变量名/变量名－－		
	*	取值运算符	*指针变量		
	&	取地址运算符	&变量名		
	!	逻辑非运算符	!表达式		
	～	按位取反运算符	～表达式		
	sizeof	长度运算符	sizeof(表达式)		
3	/	除	表达式/表达式	左到右	
	*	乘	表达式*表达式		
	％	余数(取模)	整型表达式/整型表达式		
4	＋	加	表达式＋表达式	左到右	
	－	减	表达式－表达式		
5	＜＜	左移	变量＜＜表达式	左到右	
	＞＞	右移	变量＞＞表达式		
6	＞	大于	表达式＞表达式	左到右	
	＞＝	大于等于	表达式＞＝表达式		
	＜	小于	表达式＜表达式		
	＜＝	小于等于	表达式＜＝表达式		
7	＝＝	等于	表达式＝＝表达式	左到右	
	!＝	不等于	表达式!＝表达式		
8	&	按位与	表达式&表达式	左到右	
9	^	按位异或	表达式^表达式	左到右	

续表

优先级	运算符	名称或含义	使 用 形 式	结合方向	说　明
10	|	按位或	表达式|表达式	左到右	
11	&&	逻辑与	表达式 && 表达式	左到右	
12	||	逻辑或	表达式||表达式	左到右	
13	?:	条件运算符	表达式 1? 表达式 2:表达式 3	右到左	三目运算符
14	=	赋值运算符	变量＝表达式	右到左	
	/＝	除后赋值	变量/＝表达式		
	*＝	乘后赋值	变量 * ＝表达式		
	%＝	取模后赋值	变量%＝表达式		
	+＝	加后赋值	变量＋＝表达式		
	-＝	减后赋值	变量－＝表达式		
	<<＝	左移后赋值	变量<<＝表达式		
	>>＝	右移后赋值	变量>>＝表达式		
	&＝	按位与后赋值	变量&＝表达式		
	^＝	按位异或后赋值	变量^＝表达式		
	|＝	按位或后赋值	变量|＝表达式		
15	,	逗号运算符	表达式,表达式,…	左到右	

说明：同一优先级的运算符,运算次序由结合方向所决定。

简单记就是：

!＞算术运算符＞关系运算符＞&&＞ ‖ ＞条件运算符＞赋值运算符＞逗号运算符

常 用 函 数

1. 字符函数

使用字符函数时,应该在源程序文件中加入预处理命令:

```
#include<ctype.h>
```

函数名	函数原型说明	功能及返回值
isalnum	int isalnum(int ch);	若 ch 是字母('A'～'Z','a'～'z')或数字('0'～'9')返回非 0 值,否则返回 0
isalpha	int isalpha(int ch);	若 ch 是字母('A'～'Z','a'～'z')返回非 0 值,否则返回 0
iscntrl	int iscntrl(int ch);	若 ch 是作废字符(0x7F)或普通控制字符(0x00～0x1F)返回非 0 值,否则返回 0
isdigit	int isdigit(int ch);	若 ch 是数字('0'～'9')返回非 0 值,否则返回 0
isgraph	int isgraph(int ch);	若 ch 是可打印字符(不含空格)(0x21～0x7E)返回非 0 值,否则返回 0
islower	int islower(int ch);	若 ch 是小写字母('a'～'z')返回非 0 值,否则返回 0
isprint	int isprint(int ch);	若 ch 是可打印字符(含空格)(0x20～0x7E)返回非 0 值,否则返回 0
ispunct	int ispunct(int ch);	若 ch 是标点字符(0x00～0x1F)返回非 0 值,否则返回 0
isspace	int isspace(int ch);	若 ch 是空格(''),水平制表符('\t'),回车符('\r'),走纸换行('\f'),垂直制表符('\v'),换行符('\n')返回非 0 值,否则返回 0
isupper	int isupper(int ch);	若 ch 是大写字母('A'～'Z')返回非 0 值,否则返回 0
isxdigit	int isxdigit(int ch);	若 ch 是十六进制数('0'～'9','A'～'F','a'～'f')返回非 0 值,否则返回 0
tolower	int tolower(int ch);	若 ch 是大写字母('A'～'Z')返回相应的小写字母('a'～'z')
toupper	int toupper(int ch);	若 ch 是小写字母('a'～'z')返回相应的大写字母('A'～'Z')

2. 字符串函数

使用字符串函数时,应该在源程序文件中加入预处理命令:

```
#include<string.h>
```

函数名	函数原型说明	功能及返回值
strcat	char strcat(char * dest, char * src);	将字符串 src 添加到 dest 末尾
strchr	char strchr(char * s,int c);	检索并返回字符 c 在字符串 s 中第一次出现的位置
strcmp	int strcmp(char * s1, char * s2);	比较字符串 s1 与 s2 的大小,并返回 s1－s2
stpcpy	char stpcpy(char * dest, char * src);	将字符串 src 复制到 dest

续表

函数名	函数原型说明	功能及返回值
strlen	unsigned int strlen(char * s);	返回字符串 s 的长度
strstr	char strstr(char * s1, char * s2);	扫描字符串 s1,并返回第一次出现 s2 的位置

3. 数学函数

使用数学函数时,应该在源程序文件中加入预处理命令:

`#include <math.h>`

函数名	函数原型说明	功能及返回值
abs	int abs(int i);	返回整型参数 i 的绝对值
cos	double cos(double x);	返回 x 的余弦 cos(x)值,x 为弧度
exp	double exp(double x);	返回指数函数 x 的值
fabs	double fabs(double x);	返回双精度参数 x 的绝对值
log	double log(double x);	返回 logx 的值
log10	double log10(double x);	返回 log10x 的值
pow	double pow(double x,double y);	返回 x^y 的值
sin	double sin(double x);	返回 x 的正弦 sin(x)值,x 为弧度
sinh	double sinh(double x);	返回 x 的双曲正弦 sinh(x)值,x 为弧度
sqrt	double sqrt(double x);	返回 x 的开方
tan	double tan(double x);	返回 x 的正切 tan(x)值,x 为弧度

4. 输入输出函数

使用输入输出函数时,应该在源程序文件中加入预处理命令:

`#include <stdio.h>`

函数名	函数原型说明	功能及返回值
getchar	int getchar();	从控制台(键盘)读一个字符,返回所读字符
putchar	int putchar(char ch);	将单个字符 ch 在显示器上输出,若输出成功,返回字符 ch 的值,否则返回 EOF
scanf	int scanf(char * format,args,...);	从标准输入设备按 format 指定的格式把输入数据存入 args,...所指的内存中
printf	int printf(char * format,args,...);	把 args,...的值以 format 指定的格式输出到标准输出设备
gets	char * gets(char * s);	从标准设备读取一行字符串放入 s 所指存储区,用 '\0' 替换读入的换行符,成功返回 s,出错返回 NULL
puts	int puts(char * string);	把 string 所指字符串输出到标准设备,将 '\0' 转换成回车换行符,成功返回换行符,若出错返回 EOF
fopen	FILE * fopen (char * fp, char * mode);	以 mode 指定的方式打开名为 fp 的文件,成功返回文件指针,否则返回 NULL

续表

函数名	函数原型说明	功能及返回值
fclose	int fclose(FILE * fp);	关闭 fp 所指的文件,释放文件缓冲区,成功返回 0,出错返回非 0
fgetc	int fgetc(FILE * fp);	从 fp 所指的文件中读取一个字符,成功返回所读字符,否则返回 EOF
fputc	int fputc(int ch,FILE * fp);	将字符 ch 输出到 fp 所指文件
fgets	char * fgets(char * buf,int n,FILE * fp);	从 fp 所指的文件中读取一个长度为 n−1 的字符串,将其存入 buf 所指存储区
fputs	int fputs(char * str,FILE * fp);	把 str 所指字符串输出到 fp 所指文件
fscanf	int fscanf(FILE * fp,char * format,args,...);	从 fp 所指的文件中按 format 指定的格式把输入数据存入 args,...所指的内存中
fprintf	int fprintf(FILE * fp,char * format,args,...);	把 args,...的值以 format 指定的格式输出到 fp 所指定的文件中
fread	int fread(void * pt,int size,int n,FILE * fp);	从 fp 所指文件中读取 n 个长度为 size 的数据块存到 pt 所指的内存中
fwrite	int fwrite(void * pt, int size, int n, FILE * fp);	把 pt 所指的 n 个长度为 size 的数据块写入 fp 所指的文件中
fseek	int fseek(FILE * fp, long offset, int base)	函数把文件指针移到 base 所指位置的向后 offset 个字节处,base 可以为以下值:SEEK_SET 文件开关;SEEK_CUR 当前位置;SEEK_END 文件尾

5.动态分配函数和随机函数

使用动态分配函数和随机函数时,应该在源程序文件中加入预处理命令:

```
#include <stdlib.h>
```

函数名	函数原型说明	功能及返回值
calloc	void * calloc(unsigned n,unsigned size)	分配 n 个长度为 size 的内存空间,并返回所分配内存的指针
free	void free(void * pt)	释放 pt 所指的内存区域
malloc	void * malloc(unsigned size)	分配 size 个字节的内存空间,并返回所分配内存的指针
realloc	void * realloc(void * pt, unsigned size)	改变已分配内存的大小,pt 为已分配有内存区域的指针,size 为新的长度,返回分配好的内存指针
rand	int rand()	产生一个随机数并返回这个数
random	int random(int n)	产生 0~n−1 的随机整数
randomize	int randomize(void)	初始化随机数发生器

全国计算机等级考试二级 C 考纲（2013 版）

【基本要求】

(1) 熟悉 Visual C++ 6.0 集成开发环境。

(2) 掌握结构化程序设计的方法，具有良好的程序设计风格。

(3) 掌握程序设计中简单的数据结构和算法，并能阅读简单的程序。

(4) 在 Visual C++ 6.0 集成环境下，能够编写简单的 C 程序，并具有基本的纠错和调试程序的能力。

【考试内容】

1. C 语言程序的结构

(1) 程序的构成、main 函数和其他函数。

(2) 头文件、数据说明、函数的开始和结束标志以及程序中的注释。

(3) 源程序的书写格式。

(4) C 语言的风格。

2. 数据类型及其运算

(1) C 的数据类型（基本类型、构造类型、指针类型、无值类型）及其定义方法。

(2) C 运算符的种类、运算优先级和结合性。

(3) 不同类型数据间的转换与运算。

(4) C 表达式类型（赋值表达式、算术表达式、关系表达式、逻辑表达式、条件表达式、逗号表达式）和求值规则。

3. 基本语句

(1) 表达式语句、空语句、复合语句。

(2) 输入输出函数的调用，正确输入数据并正确设计输出格式。

4. 选择结构程序设计

(1) 用 if 语句实现选择结构。

(2) 用 switch 语句实现多分支选择结构。

(3) 选择结构的嵌套。

5. 循环结构程序设计

(1) for 循环结构。

(2) while 和 do-while 循环结构。

(3) continue 语句和 break 语句。

(4) 循环的嵌套。

6. 数组的定义和引用

(1) 一维数组和二维数组的定义、初始化和数组元素的引用。

(2) 字符串与字符数组。

7. 函数

(1) 库函数的正确调用。

(2) 函数的定义方法。

(3) 函数的类型和返回值。

(4) 形式参数与实在参数,参数值的传递。

(5) 函数的正确调用、嵌套调用、递归调用。

(6) 局部变量和全局变量。

(7) 变量的存储类别(自动、静态、寄存器、外部)、变量的作用域和生存期。

8. 编译预处理

(1) 宏定义和调用(不带参数的宏、带参数的宏)。

(2) 文件包含处理。

9. 指针

(1) 地址与指针变量的概念,地址运算符与间址运算符。

(2) 一维、二维数组和字符串的地址以及指向变量、数组、字符串、函数、结构体的指针变量的定义。通过指针引用以上各类型数据。

(3) 用指针作函数参数。

(4) 返回地址值的函数。

(5) 指针数组,指向指针的指针。

10. 结构体(即"结构")与共同体(即"联合")

(1) 用 typedef 说明一个新类型。

(2) 结构体和共用体类型数据的定义和成员的引用。

(3) 通过结构体构成链表,单向链表的建立,节点数据的输出、删除与插入。

11. 位运算

(1) 位运算符的含义和使用。

(2) 简单的位运算。

12. 文件操作

只要求缓冲文件系统(即高级磁盘 I/O 系统),对非标准缓冲文件系统(即低级磁盘

I/O 系统)不要求。

　　(1) 文件类型指针(FILE 类型指针)。

　　(2) 文件的打开与关闭(fopen,fclose)。

　　(3) 文件的读写(fputc,fgetc,fputs,fgets,fread,fwrite,fprintf,fscanf 函数的应用),文件的定位(rewind,fseek 函数的应用)。

【考试方式】

　　上机考试,考试时长 120 分钟,满分 100 分。

1. 题型及分值

单项选择题 40 分(含公共基础知识部分 10 分)。

操作题 60 分(包括填空题、改错题及编程题)。

2. 考试环境

Visual C++ 6.0。

附录 5

二级 C 全真模拟题

一、选择题（每小题 1 分，共 40 分）

1. 下列关于栈叙述，正确的是（　　）。
   A. 栈顶元素最先能被删除　　　　B. 栈顶元素最后才能被删除
   C. 栈底元素永远不能被删除　　　D. 栈底元素最先被删除

2. 下列叙述中，正确的是（　　）。
   A. 在栈中，栈中元素随栈底指针与栈顶指针的变化而动态变化
   B. 在栈中，栈顶指针不变，栈中元素随栈底指针的变化而动态变化
   C. 在栈中，栈底指针不变，栈中元素随栈顶指针的变化而动态变化
   D. 以上说法均不正确

3. 某二叉树共有 7 个节点，其中叶子节点只有 1 个，则该二叉树的深度为（假设根节点在第 1 层）（　　）。
   A. 3　　　　　　B. 4　　　　　　C. 6　　　　　　D. 7

4. 软件按功能可以分为应用软件、系统软件和支撑软件（或工具软件）。下列属于应用软件的是（　　）。
   A. 学生成绩管理系统　　　　　　B. C 语言编译程序
   C. UNIX 操作系统　　　　　　　D. 数据库管理系统

5. 结构化程序所要求的基本结构不包括（　　）。
   A. 顺序结构　　　　　　　　　　B. GOTO 跳转
   C. 选择（分支）结构　　　　　　D. 重复（循环）结构

6. 下列描述中，错误的是（　　）。
   A. 系统总体结构图支持软件系统的详细设计
   B. 软件设计是将软件需求转换成软件表示的过程
   C. 数据结构与数据库设计是软件设计的任务之一
   D. PAD 图是软件详细设计的表示工具

7. 负责数据库中查询操作的数据库语言是（　　）。
   A. 数据定义语言　　　　　　　　B. 数据管理语言
   C. 数据操纵语言　　　　　　　　D. 数据控制语言

8. 一个教师可讲授多门课程，一门课程可由多个教师讲授。则实体教师和课程表间的联系是（　　）。

A. 1：1 联系   B. 1：m 联系   C. m：1 联系   D. m：n 联系

9. 有 3 个关系 R、S 和 T 如下：

R		
A	B	C
a	1	2
b	2	1
c	3	1

S		
A	B	C
a	1	2
b	2	1

T		
A	B	C
c	3	1

则由关系 R 和 S 得到关系 T 的操作是（   ）。

   A. 自然连接   B. 并   C. 交   D. 差

10. 定义无符号整数类为 Uint，下列可以作为类 Uint 实例化的是（   ）。

   A. -369 B. 369

   C. 0.369   D. 整数集合 $\{1,2,3,4,5\}$

11. 下列叙述中，错误的是（   ）。

   A. C 程序在运行过程中所有计算都以二进制方式进行

   B. C 程序在运行过程中所有计算都以十进制方式进行

   C. 所有 C 程序都需要编译链接无误后才能运行

   D. C 程序中字符变量存放的是字符的 ASCII 值

12. 以下 C 语言的叙述中，正确的是（   ）。

   A. C 语言的数值常量中夹带空格不影响常量值的正确表示

   B. C 语言中变量可以在使用之前的任何位置进行定义

   C. 在 C 语言算术表达式的书写中，运算符两侧的运算数类型必须一致

   D. C 语言中的注释不可以夹在变量名或关键字的中间

13. 以下不合法的字符常量是（   ）。

   A. '\\'   B. '\"'   C. '\018'   D. '\xcc'

14. 以下选项中，正确的定义语句是（   ）。

   A. double,a,b;   B. double a=b=7;

   C. double a;b;   D. double a=7,b=7;

15. 若有定义语句：

`int a=3,b=2,c=1;`

以下选项中，错误的赋值表达式是（   ）。

   A. a=(b=4)=3;   B. a=b=c+1;

   C. a=(b=4)+c;   D. a=1+(b=c=4);

16. 若有定义：

`int a,b;`

通过语句 scanf("%d;%d",&a,&b);，能把整数 3 赋给变量 a,5 赋给变量 b 的输入数据是（   ）。

   A. 3 5   B. 3,5   C. 3;5   D. 35

17. 已知大写字母 A 的 ASCII 码是 65，小写字母 a 的 ASCII 码是 97。以下不能将变量 c 中的大写字母转换为对应的小写字母的语句是（   ）。

      A. c=('A'+c)%26−'a'　　　　　　B. c=c+32

      C. c=c−'A'+'a'　　　　　　　　　D. c=(c−'A')%26+'a'

18. 在以下给出的表达式中，与 while(E) 中的 (E) 不等价的表达式是（   ）。

      A. （E>0||E<0）　　　　　　　B. （E==0）

      C. （!E==0）　　　　　　　　　D. （E!=0）

19. 以下程序段，与语句：

```
k=a>b?(b>c?1:0):0;
```

功能相同的是（   ）。

      A. if((a>b)||(b>c)) k=1;
         else k=0;

      B. if((a>b)&&(b>c)) k=1;
         else k=0;

      C. if(a<=b) k=0;
         else if(b<=c) k=1;

      D. if(a>b) k=1;
         else if(b>c) k=1;
         else k=0;

20. 有以下程序：

```
#include<stdio.h>
main()
{
    int a=1,b=2;
    for(;a<8;a++){ b+=a; a+=2;}
    printf("%d,%d\n",a,b);
}
```

程序运行后的输出结果是（   ）。

    A. 9,18　　　　B. 8,11　　　　C. 7,11　　　　D. 10,14

21. 有以下程序：

```
#include<stdio.h>
main()
{
    int i,j,m=55;
    for(i=1;i<=3;i++)
        for(j=3;j<=i;j++) m=m%j;
    printf("%d\n",m);
}
```

程序运行后的输出结果是（   ）。

A. 0   B. 1   C. 2   D. 3

22. 有以下程序：

```c
#include<stdio.h>
main()
{
    int x=8;
    for(; x>0; x--)
    {
        if(x%3)
        {
            printf("%d,",x--);
            continue;
        }
        printf("%d,",--x);
    }
}
```

程序运行后的输出结果是(   )。

     A. 7,4,2   B. 8,7,5,2   C. 9,7,6,4   D. 8,5,4,2

23. 以下叙述中，错误的是(   )。

     A. C 程序必须由一个或一个以上函数组成的

     B. 函数调用可以作为一个独立的语句存在

     C. 若函数有返回值，必须通过 return 语句返回

     D. 函数形参的值也可以传回给对应的实参

24. 有以下程序：

```c
#include<stdio.h>
main()
{
    int a=1,b=3,c=5;
    int * p1=&a, * p2=&b, * p=&c;
    * p= * p1 * ( * p2);
    printf("%d\n",c);
}
```

执行后输出结果是(   )。

     A. 1   B. 2   C. 3   D. 4

25. 有以下程序：

```c
#include<stdio.h>
void f(int * p,int * q);
main()
{
    int m=1,n=2, * r=&m;
    f(r,&n);
    printf("%d,%d",m,n);
```

```
}
void f(int * p,int * q)
{
    p=p+1;
     * q= * q+1;
}
```

程序运行后的输出结果是（   ）。

    A. 2,3   B. 1,3   C. 1,4   D. 1,2

26. 若有定义语句：

```
in a[2][3], * p[3];
```

则以下语句中，正确的是（   ）。

    A. p＝a;   B. p[0]＝a;

    C. p[0]＝&a[1][2];   D. p[1]＝&a;

27. 以下程序中函数的功能是：当 flag 为 1 时，进行由小到大排序；当 flag 为 0 时，进行由大到小排序。

```
#include<stdio.h>
void f(int b[],int n,int flag)
{
    int i,j,t;
    for(i=0;i<n;i++)
        for(j=i+1;j<n;j++)
            if(flag? b[i]>b[j]:b[i]<b[j])
            {
                t=b[i];b[i]=b[j];b[j]=t;
            }
}
main()
{
    int a[10]={5,4,3,2,1,6,7,8,9,10},i;
    f(&a[2],5,0);
    f(a,5,1);
    for(i=0;i<10;i++)
        printf("%d,",a[i]);
}
```

程序运行后的输出结果是（   ）。

    A. 1,2,3,4,5,6,7,8,9,10   B. 3,4,5,6,7,2,1,8,9,10

    C. 5,4,3,2,1,6,7,8,9,10   D. 10,9,8,7,6,5,4,3,2,1

28. 有以下程序：

```
#include<stdio.h>
main()
{
    int s[12]={1,2,3,4,4,3,2,1,1,1,2,3},c[5]={0},i;
```

```
    for(i=0;i<12;i++)
        c[s[i]]++;
    for(i=1;i<5;i++)
        printf("%d ",c[i]);
    printf("\n");
}
```

程序运行后的输出结果是(　　)。

A. 2 3 4 4 　　　　B. 4 3 3 2 　　　　C. 1 2 3 4 　　　　D. 1 1 2 3

29. 以下能正确定义字符串的语句是(　　)。

A. char str＝"\x43"; 　　　　　　B. char str[]＝"\0";

C. char str＝"; 　　　　　　　　D. char str[]＝{'\064'};

30. 以下关于字符串的叙述中,正确的是(　　)。

A. 空串比空格打头的字符串小

B. 两个字符串的数相同时才能进行字符串大小的比较

C. 可以用关系运算符对字符串的大小进行比较

D. C 语言中有字符串类型的常量和变量

31. 有以下程序:

```
#include<stdio.h>
void fun(char * a,char * b)
{
    while(* a=='* ')a++;
    while(* b=* a){b++;a++;}
}
main()
{
    char *s="*****a*b****",t[80];
    fun(s,t);puts(t);
}
```

程序的运行结果是(　　)。

A. ab 　　　　　B. a*b 　　　　　C. *****a*b 　　　　D. a*b****

32. 下列函数的功能是(　　)。

```
void fun(char * a,char * b)
{
    while((* b=* a)!='\0')
    {a++;b++;}
}
```

A. 将 a 所指字符串赋给 b 所指空间

B. 使指针 b 指向 a 所指字符串

C. 将 a 所指字符串和 b 所指字符串进行比较

D. 检查 a 和 b 所指字符串中是否有'\0'

33. 有以下程序:

```
#include<stdio.h>
int fun(int x)
{
    int p;
    if(x==0||x==1)
      return (3);
    p=x-fun(x-2);
    return p;
}
main()
{
    printf("%d\n",fun(7));
}
```

执行后的输出结果是(   )。

A. 2   B. 3   C. 7   D. 0

34. 有以下程序：

```
#include<stdio.h>
int fun()
{
    static int x=1;
    x*=2;return x;

}
main()
{
    int i,s=1;
    for(i=1;i<=2;i++) s=fun();
    printf("%d\n",s);
}
```

执行后的输出结果是(   )。

A. 0   B. 1   C. 4   D. 8

35. 以下结构体类型说明和变量定义中,正确的是(   )。

A. struct   REC;
   {int n; char c;};
   REC t1, t2;

B. typedef struct
   {int n; char c;} REC;
   REC t1,t2;

C. typedef struct   REC;
   {int n; char c;} t1,t2;

D. struct
   {int n; char c;} REC;

```
    REC t1,t2;
```

36. 假定已建立以下链表结构,且指针 p 和 q 已指向如下图所示的节点:

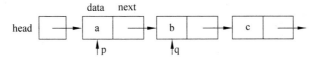

则以下选项中可将 q 所指节点从链表中删除并释放该结点的语句组是(　　)。

    A. p->next=q->next;free(q);

    B. p=q->next;free(q);

    C. p=q;free(q);

    D. (*p).next=(*q).next;free(p);

37. 有以下程序:

```
#include<stdio.h>
#include<string.h>
struct A
{
    int a;
    char b[10];
    double c;
};
void f(struct A t);
main()
{
    struct A a={1001,"ZhangDa",1098.0};
    f(a);
    printf("%d,%s,%6.1f\n",a.a,a.b,a.c);
}
void f(struct A t)
{
    t.a=1002;
    strcpy(t.b,"ChangRong");
    t.c=1202.0;
}
```

程序运行后的输出结果是(　　)。

    A. 1002,ZhangDa,1202.0　　　　B. 1002,ChangRong,1202.0

    C. 1001,ChangRong,1098.0　　　　D. 1001,ZhangDa,1098.0

38. 有以下程序:

```
#include<stdio.h>
#include<string.h>
#define N 5
#define M N+1
#define f(x) (x*M)
main()
```

```
{
    int i1,i2;
    i1=f(2);
    i2=f(1+1);
    printf("%d %d\n",i1,i2);
}
```

程序的运行结果是（   ）。

    A. 12 7   B. 12 12   C. 11 11   D. 11 7

39. 有以下程序：

```
#include<stdio.h>
main()
{
    int a=5,b=1,t;
    t=(a<<2)|b;
    printf("%d\n",t);
}
```

程序的运行结果是（   ）。

    A. 1   B. 11   C. 6   D. 21

40. 设 fp 为指向某二进制文件的指针，且已读到此文件末尾，则函数 feof(fp) 的返回值为（   ）。

    A. 0   B. '\0'   C. 非 0 值   D. NULL

二、程序填空题（共 18 分）

下列给定程序中，函数 fun 的功能是：求 ss 所指字符串数组中长度最短的字符串所在的行下标，作为函数返回，并把其串长放在形参 n 所指的变量中。ss 所指字符串数组中共有 M 个字符串，有串长小于 N。

请在下划线处填入正确的内容并将下划线删除，使程序得出正确的结果。

注意：部分源程序在文件 BLANK1.C 中。

不得增行或删行，也不得更改程序的结构。

```
#include    <stdio.h>
#include    <string.h>
#define    M    5
#define    N    20
int fun(char  (*ss)[N], int  *n)
{ int  i, k=0, len=N;
/**********found**********/
    for(i=0; i<__1__; i++)
    { len=strlen(ss[i]);
      if(i==0)  *n=len;
      /**********found**********/
      if(len __2__ *n)
      { *n=len;
        k=i;
      }
```

```
    }
/**********found**********/
    return(__3__);
}
main()
{ char   ss[M][N]={"shanghai","guangzhou","beijing","tianjing",
  "chongqing"};
    int   n,k,i;
    printf("\nThe original strings are :\n");
    for(i=0;i<M;i++)puts(ss[i]);
    k=fun(ss,&n);
    printf("\nThe length of shortest string is :  %d\n",n);
    printf("\nThe shortest string is :  %s\n",ss[k]);
}
```

三、程序修改题（共 18 分）

下列给定程序中函数 fun 的功能是：将 tt 所指字符串中的小写字母全部改为对应的大写字母，其他字符不变。

例如，若输入"Ab,Cd"，则输出"AB,CD"。

请改正程序中的错误，使它能得出正确的结果。

注意：部分源程序在文件 MODI1.C 中，不得增行或删行，也不得更改程序的结构。

```c
#include<stdio.h>
#include<string.h>
char* fun(char tt[])
{
    int i;
    for(i =0; tt[i]; i++)
    /**********found********** * /
      if(('a' <=tt[i])||(tt[i] <='z'))
      /**********found********** * /
           tt[i] +=32;
    return(tt);
}

main()
{
    char tt[81];
    printf("\nPlease enter a string: ");
    gets(tt);
    printf("\nThe result string is:\n%s", fun(tt));
}
```

四、程序设计题（共 24 分）

编写函数 fun，其功能是：将所有大于 1 小于整数 m 的非素数存入 xx 所指数组中，非素数的个数通过 k 返回。

例如,若输入 17,则应输出 4 6 8 9 10 12 14 15 16。

注意: 部分源程序在文件 PROG1.C 中。

请勿改动主函数 main 和其他函数中的任何内容,仅在函数 fun 的花括号中填入你编写的若干语句!

```c
#include<stdio.h>

void fun(int m, int * k, int xx[])
{


}

main()
{
    int m, n, zz[100];
    void NONO ();
    printf("\nPlease enter an integer number between 10 and 100: ");
    scanf("%d", &n);
    fun(n, &m, zz);
    printf("\n\nThere are %d non-prime numbers less than %d:", m, n);
    for(n =0; n <m; n++)
        printf("\n  %4d", zz[n]);
    NONO();
}

void NONO()
{
/* 请在此函数内打开文件,输入测试数据,调用 fun 函数,
    输出数据,关闭文件 */
    int m, n, zz[100];
    FILE * rf, * wf;

    rf =fopen("in.dat","r");
    wf =fopen("out.dat","w");
    fscanf(rf, "%d", &n);
    fun(n, &m, zz);
    fprintf(wf, "%d\n%d\n", m, n);
    for(n =0; n <m; n++)
        fprintf(wf, "%d\n", zz[n]);
    fclose(rf);
    fclose(wf);
}
```

其中,in.dat 文件中的内容为 89。

二级 C 全真模拟题参考答案

一、选择题（每小题 1 分,共 40 分）

题号	1	2	3	4	5	6	7	8	9	10
答案	A	C	D	A	B	A	C	D	D	B
题号	11	12	13	14	15	16	17	18	19	20
答案	B	D	C	D	A	C	A	B	B	D
题号	21	22	23	24	25	26	27	28	29	30
答案	B	D	D	C	B	C	B	B	B	A
题号	31	32	33	34	35	36	37	38	39	40
答案	D	A	A	C	B	A	D	D	D	C

二、程序填空题（共 18 分）

(1) M　　(2) ＜　　(3) k

说明:

(1) 题目指出 ss 所指字符串数组中共有 M 个字符串,所以 for 循环语句循环条件是 i＜M。

(2) 要求求长度最短的字符串, ＊n 中存放的是已知字符串中最短的字符串的长度, 这里将当前字符串长度与 ＊n 比较,若小于 ＊n,则将该长度值赋给 ＊n,因此 if 语句的条件表达式为 len＜ ＊n。

(3) 将最短字符串的行下标作为函数值返回,变量 k 储存行下标的值。

三、程序修改题（共 18 分）

(1) if((tt[i]＞='a')＆＆(tt[i] ＜='z'))

(2) tt[i]－=32;

说明:

(1) 分析本题可知,要判断字符是否为小写字母,即判断其是否在 a~z 之间,所以这里需要进行连续的比较,用 ＆＆。

(2) 从 ASCII 码表中可以看出,小写字母的 ASCII 码值比对应大写字母的 ASCII 值大 32。将字符串中的小写字母改为大写字母的方法是:从字符串第一个字符开始,根据 ASCII 码值判断该字母是不是小写字母,若是,则 ASCII 码值减 32 即可。

四、程序设计题（共 24 分）

```c
void fun(int m, int * k, int xx[])
{
    int i,j,n=0;
    for(i=2;i<m;i++)          /* 找出大于 1 小于整数 m 的非素数 */
    {    for(j=2;j<i;j++)
                if(i%j==0) break;
                if(j<i) xx[n++]=i;
    }
    * k=n;                    /* 返回非素数的个数 */
}
```

习题参考答案

第1单元

单元练习

一、单选题

题号	1	2	3	4	5	6	7	8	9	10
答案	D	C	C	B	C	C	A	D	A	A

二、判断题

题号	1	2	3	4	5	6	7			
答案	×	√	×	×	√	√	√			

三、填空题

1. 编译；2. 函数；3. /*、*/；4. main；5. .c、.obj、.exe

第2单元

任务1自我检测

题号	1	2	3	4	5	6	7	8	9	10
答案	A	A	B	D	A	A	D	A	C	A
题号	11	12	13	14	15					
答案	C	A	A	D	D					

任务2自我检测

题号	1	2	3	4	5	6	7	8	9	10
答案	A	B	A	A	C	C	C	D	B	A
题号	11	12	13	14	15					
答案	D	C	B	D	A					

任务3自我检测

题号	1	2	3	4	5	6	7	8	9	10
答案	D	B	B	B	A	D	C	A	B	A
题号	11	12	13	14	15					
答案	D	C	D	D	C					

任务 4 自我检测

题号	1	2	3	4	5	6	7	8	9	10
答案	C	D	C	B	C	B	A	A	C	B

单元练习

题号	1	2	3	4	5	6	7	8	9	10
答案	A	A	D	A	A	B	B	C	C	A
题号	11	12	13	14						
答案	B	A	C	D						

第 3 单元

任务 1 自我检测

题号	1	2
答案	D	C

任务 2 自我检测

题号	1	2	3	4	5	6	7	8	9	10
答案	D	D	D	B	A	A	D	A	C
题号	11	12	13	14	15					
答案	A	C	D	C	C					

任务 3 自我检测

题号	1	2	3	4	5	6	7	8	9	10
答案	C	D	B	B	B	A	A	C	A	C
题号	11	12	13	14	15					
答案	B	D	C	C	B					

任务 4 自我检测

题号	1	2	3	4	5	6	7	8	9	10
答案	C	D	A	B	A	A	C	C	A	A

任务 5 自我检测

题号	1	2	3	4	5	6	7	8	9	10
答案	A	A	D	C	B	C	A	A	B	A
题号	11	12	13	14	15	16	17	18	19	20
答案	B	A	A	A	C	B	D	A	D	B

续表

题号	21	22	23	24	25					
答案	A	D	A	D	D					

单元练习

题号	1	2	3	4	5	6	7	8	9	10
答案	C	D	C	B	A	B	A	A	A	C
题号	11	12	13	14	15	16				
答案	B	D	A	B	B	A				

全国计算机等级考试(二级 C)专题索引

参 考 文 献

[1] 谭浩强. C 程序设计[M]. 第三版. 北京：清华大学出版社,2005.

[2] 廖雷. C 语言程序设计[M]. 第三版. 北京：高等教育出版社,2009.

[3] 任爱华. C 语言程序设计[M]. 北京：中央广播电视大学出版社,2009.

[4] 李虹. C 语言程序设计[M]. 南京：南京大学出版社,2010.

[5] 田淑清. 全国计算机等级考试二级教程——C 语言程序设计[M]. 北京：高等教育出版社,2013.

[6] 张红荣. 浅析全国计算机等级考试模拟软件评分系统[J]. 廊坊师范学院学报(自然科学版),2009,
6(1)：44-45.

[7] 张红荣,张峰. 工作任务引领教学法在高职 C♯ 程序设计教学中的应用[J]. 职业教育(下旬刊),
2014,12(3)：66-67,69.